垃圾分类不简单

傅　涛　成卫东　潘　功　著

中国环境出版集团·北京

图书在版编目（CIP）数据

垃圾分类不简单/傅涛，成卫东，潘功著. —北京：
中国环境出版集团，2020.9（2021.11 重印）
ISBN 978-7-5111-4424-9

Ⅰ．①垃…　Ⅱ．①傅…②成…③潘…　Ⅲ．①垃圾
处理—案例—太原　Ⅳ．①X705

中国版本图书馆 CIP 数据核字（2020）第 167997 号

出 版 人　武德凯
责任编辑　殷玉婷
责任校对　任　丽
封面设计　白亚琳
封面制作　宋　瑞

出版发行　中国环境出版集团
　　　　　（100062　北京市东城区广渠门内大街 16 号）
　　　　　网　　　址：http://www.cesp.com.cn
　　　　　电子邮箱：bjgl@cesp.com.cn
　　　　　联系电话：010-67112765（编辑管理部）
　　　　　发行热线：010-67125803，010-67113405（传真）
印　　刷　北京中科印刷有限公司
经　　销　各地新华书店
版　　次　2020 年 9 月第 1 版
印　　次　2021 年 11 月第 2 次印刷
开　　本　787×960　1/16
印　　张　8.5
字　　数　108 千字
定　　价　58.00 元

中国环境出版集团郑重承诺：
中国环境出版集团合作的印刷单位、材料单位均具有中国环境标志产品认证；
中国环境出版集团所有图书"禁塑"。

著作人

———

傅涛、成卫东、潘功

顾问

———

张建伟

研究团队

———

时中瑛、白云康、肖琼、季托、李少甫、张翠芳、丁宁
杨迪、姚俊花、阎中、李治、张国忠

写在前面的话

生态文明对中国人来说，既熟悉又遥远。

说它熟悉，那是因为天人合一、道法自然的理念是中国人心中的呼唤，是中国文化五千年的共鸣，也是生态文明理念的核心组成；说它遥远，那是因为当下的生态文明理念是高度工业化以后的新内涵，长期的工业文明洗礼，让我们与传统的生态理念渐行渐远，真正回归并非易事。

生态文明是人类社会发展进程中的伟大梦想与实践。

原始社会是没有社会化分工的大生态，人们在弱肉强食的大自然中食不果腹；农业文明是一种小的生态循环，人们实现了低水平的丰衣足食；工业文明的大分工是对农业小生态的革命，物质在局部极大过剩，贸易成为化解主要矛盾的手段；生态文明是基于工业大分工后的大生态，是基于工业大分工的升级，它对自然的保护和利用更加充分，从用户导向来组织生产，大生态中存在更广泛的连接，在更大尺度上使系统优化。因此，从工业文明升级跨越到生态文明是一次巨大的飞跃。

知易行难，生态文明在落地过程中却有巨大的难度，会出现许多难以落地的困局。这些困局的表象之一是有人认为生态文明是一种空想；

表象之二是不能认知生态文明的丰富内涵，说一套做一套。学习完生态文明的理念，很多做法还是老做法，只是套了一个生态文明的新帽子；表象之三是生态文明在实施过程中出现变形，照猫画虎，似是而非，不能做出实际效果。

生态文明的落地需要人类社会价值观的升级，需要现代科学体系的逻辑关系的升级。沿袭工业文明的思维惯性，就无法真正理解生态文明，不能理解就不能践行。生态文明的落地需要理论工具的升级，生态文明所面临的经济规律、社会治理规律、文化规律都在发生变化。生态文明的落地需要系统性推进，即便思想上理解了生态文明，没有系统的推进，也不能落地。就像目前新型冠状病毒肺炎疫情防治，并非只是卫生医疗手段就能够应对，而是需要更多的非医疗手段系统配合。

2000 年成立的 E20 环境平台，其核心使命是为生态文明打造产业根基，E20 研究院是一个立志于将理论转化为实践的智库机构。为促进生态文明理念的落地，E20 研究院撰写了"两山系列丛书"。

本套丛书选择了生态文明落地的一组综合性话题，开展了长期的实证研究，目前有九个选题：

《两山经济》——从经济学角度，专题论证了"绿水青山就是金山银山"落地生根的四大价值规律，努力为生态文明建设提供经济理论支撑。

《解码河长制，践行河长制》——从管理学角度，回答了现代行政管理体制面临跨出行政区域和跨专业分工的系统管理难题，给出有效做实河长制的方法论。

《正本清源》——通过流域生态补偿机制问题与落地难题的解析，回答了生态文明之下，生态价值在流域中的体现路径。

《发展的境界》——从生态文明出发，论证了面向 2030 年国际可持续发展的核心内涵，以及在中国城市的落地路径。

《垃圾分类不简单》——面对目前垃圾分类在中国全面推开的大背景，从无害化、资源化的基本要求出发，探求支撑社会治理结构升级和垃圾分类新时尚的落地路径。

《工业企业必选项》——结合中国作为世界工厂所面临的工业绿色化升级的诸多困境，系统论证了以差异化绿色管控为支撑的工业绿色化的必选路径。

《构筑转化之桥》——针对中国环境科技投资大、转化率低的困境，结合中国环境科技产业化特点，服务于中国环境治理的现实需求，提出了跨越科技转化鸿沟的路径。

《环境产业导论》——从二十年的环境产业历史出发，系统论述了支撑"两山"经济的产业基础，指明了中国环境产业发展的未来。

《人民的感知》——良好的生态环境是最普惠的民生，以人民利益为中心，读懂、弄通、做实环境领域践行党的十九大精神的途径。

以上作品是 E20 研究院近二十年实践研究成果的体现，研究内容结合作者长期的行政管理、理论研究和产业实践，力求深入浅出，为中国环境管理者、产业从业者提供理论结合实践的指导。

　　新型冠状病毒肺炎疫情期间的封闭管理，让我们的研究团队，能够集中精力，把前期的思考和实践系统总结成书，虽然不完全成熟，但毕竟开启了生态文明产业落地研究的序幕，敬请各界指正。

　　　　　　　　　　　　　　　　　　　　　　　傅　涛

　　　　　　　　　　　　　　　　　　　　　2020 年 4 月

前　言

当下，中国的垃圾分类正蔚然成风，自 2018 年 11 月习近平总书记在上海考察时强调"垃圾分类工作就是新时尚"之后，全国范围内推进垃圾分类更是进入了快车道。

为什么国家这么重视垃圾分类，从 2016 年开始多次强调、部署垃圾分类工作？因为垃圾分类看似小事但事关民生福祉，与百姓生产生活密切相关，与社会进步密切相关，人民利益无小事。

开展垃圾分类首先是要确保人民群众的环境安全，防止垃圾对水、大气、土壤等造成污染，确保垃圾百分之百实现无害化；其次，"垃圾亦是一种放错地方的资源"，通过对垃圾投放、收集、运输、处理等环节进行分类，可以大大提高能量、物质等的社会与自然循环效率和层级；再次，垃圾分类涉及最广泛的多元参与主体，是社会治理体系迈向现代化的重要探索，是打造"共建共享共治"社会治理新格局的最好实践；最后，作为一种社会时尚，垃圾分类也将推动国民环境意识的提高，形成引领绿色生活、绿色消费的新风尚。

当前，在各地垃圾分类有序推进的背景下，垃圾分类实践较多，但理论支撑不足，专题研究更少，对于垃圾分类在生态文明新时代下的内在逻辑关系认知也不够，知其然不知其所以然，容易照猫画虎形成"一刀切"，走形式。

每一个城市都有自己不同的发育土壤，在国家确定的"四分法"规则之下，如何连接城市的经济、政治、文化、社会、生态体系，让垃圾分类从一个"甜蜜的负担"转变成为城市发展的内在驱动力？这就需要"一城一策"，在系统性、匹配性两大原则之下，充分考虑城市的山、水、城、产、文、人等影响因素，结合气候因素和所在区域整体布局，制定出符合自己城市特征的垃圾分类体系。

让每个城市都能在生态文明建设的大框架下，找到与自己发展路径最匹配的、系统性的垃圾分类模式，这是 E20 研究院持续两年开展垃圾分类理论研究和地方实践的初心和动力，也是我们尝试在本书中回答的问题。

感谢太原市、宁波市在研究过程中给予的支持。受水平所限，本书不足之处在所难免，敬请各位读者指正。

目　录

第 1 章

垃圾分类的初心和本质

垃圾分类看起来是老百姓日常生活中的一件"小事"，其实要真正做好并不容易，小事情中蕴含着大智慧。垃圾分类工作的启动和实施，需要放在社会经济发展的历史场景中系统考虑，需要首先理解垃圾问题出现的深层次原因。本章通过介绍垃圾分类的缘起，尝试解读垃圾分类的初心和本质，为系统建立垃圾分类理论体系奠定基础。

1.1　垃圾分类的缘起

1.1.1　垃圾的产生

（1）人类社会原本没有垃圾

"垃圾"在汉语词典中的解释为脏土或扔掉的废物。人类社会在形成之初并不产生垃圾，因为那时候生产力极其低下，物资匮乏，吃饱穿暖是头等大事，人类生存依赖于获取野生植物和野生动物的多少，缺乏稳定的能量来源。那时候，人类通过打猎、采摘等方式从大自然获取食物和生产资料，物尽其用，肉和果实可以吃、骨头和树枝可以做成工具、毛皮和树叶可以当作衣服，几乎没有无用的物质被丢弃。

（2）农业文明时代产生少量垃圾

农业文明时代，人类学会了种植农作物和蓄养家禽，可以稳定获得食物，生存条件较原始社会有了很大改善，但是生产力发展水平依然不高，物资供给依然紧张，人口数量增长缓慢，垃圾产生量极少，有一点排放也被尽量利用，所谓"肥水不流外人田"，人类对环境的影响还未超出自然环境的自我调节能力，未对环境造成显著危害。

（3）城市化进程造成大量垃圾产生

随着生产力的不断发展，人口数量越来越多，人类逐渐聚集在各种资源丰富、交通方便的区域生产生活，城市逐渐形成。城市化进程中的人口聚集、物质聚集、资源聚集，催生了大量在空间上和时间上不能充分利用的物质，垃圾因此产生。

最初的垃圾成分以尘土、粪便、食物残渣为主，可生物降解。垃圾问题主要是城市人口聚集下的空间紧缺和卫生问题，生活垃圾在城市居住区周围的简单堆放会造成卫生条件恶化，破坏生活环境。工业化之前的城市生活垃圾只需清运出城，掩埋或堆放到远离城区的地方自然降解即可。因此，垃圾首先是城市化的产物。

（4）工业化叠加城市化使垃圾更多
元、更危险

工业文明时代，人类开始大量生产、大量消费、大量废弃，再加上工业化实现了物质的高温高压提炼和生产创造，垃圾与生态环境的自然循环被干预和破坏，其成分、性质都发生了巨大变化，原来的人类社会与大自然的物质循环途径被打破。一方面工业化对城市化的叠加产生了大量的废弃物，在空间上暂时无法消纳；另一方面工业化新创造出来的众多工业品无法通过常温常压的、自然的通道回归自然，或者回归周期呈百倍千倍变长，出现了诸如塑料袋、重金属等更多元、更危险的垃圾。

工业化产生的垃圾是各种化学问题、甚至核污染问题，城市化产生的垃圾是空间问题，二者叠加后，垃圾围城已经不能简单地依靠清运之后的自然消纳来解决，而需要建立一套新的垃圾处理体系，垃圾焚烧处理、生物化学处理因此产生，用来对冲城市化和工业化的生态影响。

早期的垃圾集中处理秉承城市化和工业化的思维，同样追求规模化集中处理。随着城市规模的不断扩大、工业化的不断深入，垃圾处理压力日益加大，减量化提上日程。同时由于大量生物技术和化学技术的应用，无害化成为垃圾处理的前置条件。

为了深入实施无害化、减量化、稳定化，垃圾处理向前端延伸，也就是从源头出发对垃圾进行分类并贯穿整个处理环节，以达到减量增效的基本诉求。

1.1.2　垃圾分类的出现

（1）基于卫生无害和环境安全的垃圾分类处理

城市发展之初，对垃圾问题的解决目标仅需要达到小时空的无害，即卫生保洁只要把垃圾运到城外（看不到的地方堆弃/简易填埋）即可，不需要在产生端对垃圾进行分类。公元前 9000 至公元前 8000 年，人类就开始在居住地之外的场所寻找垃圾的堆放地，古代中国城市就有固定的垃圾堆放处。根据考古记载，在陕西临潼汉新丰遗址城墙东半部北端，有多处直径 5 ~ 10 米、深 3 ~ 5 米的大脏土坑，坑中多为砖瓦残片，疑为垃圾倾倒区。

之后随着人口持续增加、城镇化推进、工业化发展，垃圾产生量与日俱增，而土地资源日趋匮乏，垃圾围城的现象在各国普遍出现，大量垃圾无处可去、无地可埋，同时大量非正规填埋场导致的环境问题、安全问题频发，垃圾焚烧随之兴起，与安全填埋和堆肥一起成为当今垃圾处理的三种主要方式。此时城市对垃圾处理的目标是需要达到更大时空上的安全，确保无害化。

从小时空的卫生无害到大时空的环境安全要求下垃圾主要是依靠末端分类处理，能堆肥的送去堆肥，能焚烧的送去焚烧，焚烧废渣和不能焚烧、不易堆肥的送去填埋，没有进行源头分类和收储运的分类。

（2）基于资源有效利用的垃圾分类回收

当人们意识到城市化进程和工业化发展会造成化石能源的枯竭、碳循环被打破等一系列问题时，循环经济（亦称"资源循环型经济"）的理念逐步为人们所接受，其特征是低开采、高利用、低排放，基于循环经济理念的垃圾分类回收开始出现。

1897 年，纽约建立了一个材料回收设施，垃圾在"拣料场"得到分类，分为不同等级的纸张、金属和地毯，粗麻袋、麻绳、橡胶甚至马毛也被分类回收再利用。1900 年，德国的汉堡、柏林、慕尼黑等城市也开始尝试垃圾的分类和回收。据统计，德国垃圾回收行业从业人员超过 25

万，每年的营业额高达 500 亿欧元，约占全国经济产出的 1.5%。

（3）从垃圾源头进行减量和分类利用

20 世纪 80 年代以后，人们明确意识到垃圾问题不仅与物质利用和生产活动有关，也与社会组织、生活习惯和消费行为密切相关，垃圾处理设施的兴建和资源化回收市场的发展始终抵不过垃圾量的增长。无论采取什么手段提高垃圾中资源成分的利用和垃圾处理能力，都属于补救性的方案，如果垃圾没有在源头实现减量和分类，就会有持续的、更多的垃圾需要被收运和处理，这样会产生大量的收集、运输、处理等费用，造成资源浪费和环境污染，从垃圾的源头进行减量和分类利用才是解决垃圾问题真正的出路。

日本从 1980 年就开始通过环保管制和宣传教育督促民众进行垃圾分类投放，如今垃圾分类投放已经成为日本民众的一种自觉行为，即使没人监督也会严格执行。据统计，日本的人均生活垃圾日清运量在 0.3 千克以下，而目前中国城市的人均生活垃圾日清运量在 1 千克左右。人作为生活垃圾排放的主体，只有通过垃圾源头分类和投放的参与来增强意识、改变行为，才有可能实现生活垃圾的源头减量。

（4）对垃圾分类的一些认识误区

垃圾分类的理念随着垃圾问题的深入逐步清晰，但是仍然存在一些认识上的误区。比如"垃圾分类没有必要""垃圾就是垃圾，不是资源""垃圾分类就是分垃圾""垃圾分类是政府的事"等，这些误区都是因为把垃圾分类这件事看低了、看窄了。

从垃圾分类出现的过程可以看出，垃圾分类是一个系统体系，需要从更高、更宽的角度来看。垃圾分类不是简单地从源头把垃圾分一分，而是和垃圾的无害化、资源化方式以及社会化程度、生活习惯、消费行为均有密切关系。站在生态文明这一更高的视角看待垃圾分类，将有助于走出片面化的认知误区，识别垃圾分类的真正意义。

1.1.3 生态文明下的垃圾分类

生态文明时代，人们的生活方式开始注重合理生产、消费节约、循环利用，但是"罗马不是一天建成的"，新的生产、生活方式和消费习惯的养成不是一日之功，需要对"绿水青山就是金山银山"理念深入理解，以及建立科学的理论和方法论来指导实践。

（1）垃圾分类是一个系统的体系

实施生活垃圾分类，就是将不同性状、组分的生活垃圾分门别类地投放、收集、运输直至处理，不仅是把垃圾分开，而且是分类投放、分类收集、分类运输、分类处理的系统体系。垃圾分类考虑的是垃圾产生、收集、运输和处理的全流程，特别是加强源头减量和终端设施建设，这样才能从源头减少垃圾，并保证分类后的垃圾能够妥善利用和处理，真正从根本上解决垃圾问题。

（2）垃圾分类可以实实在在增强人民"三感"[①]

过去"盼温饱"，现在"盼环保"；过去"求生存"，现在"求生态"，老百姓的观念在悄然转变。垃圾分类做得好，既有助于减少污染、保护环境，又能够变废为宝，实现资源的再利用，还能促使人们养成源头减量、规范投放的文明行为习惯。垃圾分类事关百姓生态环境安全，事关百姓生活环境改善；通过垃圾分类，百姓可以更多地参与到社会治理中，主人翁意识逐渐加强，获得感也会更加凸显；垃圾分类正在引领新时尚，引领绿色消费理念，进而推动百姓幸福指数的提升。

（3）垃圾分类是生态文明价值观的践行

面对资源约束趋紧、环境污染严重、生态系统退化的严峻形势，人们必须树立尊重自然、顺应自然、保护自然的生态文明理念，走可持续发展道路。垃圾分类作为一项生态文明建设的具体实践，可以用生态文明下的"两山"经济理论来指导实现路径。

生态文明主张建立完善的绿色价值消费体系，即让个人、企业、社会的非利己消费部分占比达到较高水平，把垃圾分类这种非利己行为固化到日常行为中去，而非心情好就做，心情不好就不做。这里有两种方式：一种是靠被动强制手段，通过法治来实现；另一种是靠"主动对价"，使垃圾分类成为时尚文化。

[①] "三感"即获得感、幸福感、安全感。

当我们以不同的时间和空间作为价值尺度，会对垃圾分类得出不同的结论。这需要我们的地方政府、经济主体拥有更大的格局和视野，不算一时的经济小账，而是算生态文明的大账。现在开展垃圾分类，可能会在经济上、时间成本上有额外付出，但在更长远的文明发展上、生态循环上是具有推动作用的。

1.2　垃圾分类的初心和本质

垃圾分类的初心是改善生态环境，提高循环层级，优化治理结构，推动社会文明，最终是为了增强人民的获得感、幸福感、安全感。不同层次的初心体现了垃圾分类的深层本质，即垃圾分类分的是垃圾无害化水平，分的是垃圾资源化利用率，分的是政府、企业、公众的责权利，分的是社会时尚化程度。

1.2.1　改善生态环境——无害化

垃圾分类，首先是为了更好地防止污染，实现垃圾的无害化，保护生态环境不因垃圾产生或处理而受到破坏。根据垃圾成分的不同对其进行分类，再用不同的处理工艺对垃圾进行分类处理，以减少和防止污染。通过对垃圾进行有效分类，可以优化进入末端处理设施的垃圾成分，减少进入末端环节的垃圾数量和因垃圾处理而释放的渗滤液或有害气体的量，减轻因垃圾处理而造成的环境污染压力，降低生态环境风险。

垃圾分类初心的首要层次，是做到垃圾的无害化，保障人类生存环境的安全。垃圾的无害化是市政环卫领域的核心职责，属于属地政府的公共服务责任。城市垃圾处理虽然没有像城市供水领域那么强的自然垄断性，但是垃圾的无害化过程是公共服务，即便由企业以商业方式来提供，最终的责任主体仍应该是代表人民群众利益的地方政府，不是处理垃圾的企业。

1.2.2　提高循环层级——资源化

垃圾资源化作为循环经济的核心内涵，指的是从生产和生活过程中获取被排放的废弃物，经过分拣、筛选和提炼，将废弃物转换成可投入生产过程的资源和能源，将不可资源化的剩余物质做最终的无害化处理。通过垃圾分类投放、分类收集、分类运输、分类处理系统的完善，垃圾分类工作的重心由之前以处理为主向前端的源头减量、资源回收、能源回收转移，使垃圾能够更好地资源化利用，更有利于提高循环层级。

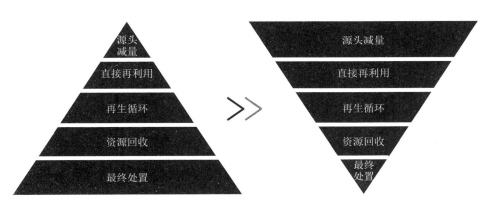

图 1.2.1　垃圾分类重心向更有利于提高循环层级的源头减量、资源能源回收转移

垃圾的无害化和资源化是辩证统一的关系，取决于物质的成分和数量，多了杂了就难以成为资源，再好的东西混合了都会变成垃圾。资源化是无害化基础上的垃圾分类初心的更进一层，无害化属于市政环卫领域的公共服务，资源化能够变废为宝，可以在经济政策引导下，依靠市场为主体来实施落地，属于市场引导下的商业领域的行为。

1.2.3 优化治理结构——社会治理体系现代化

政府大包大揽下，以市场化为主要手段，以无害化为主要目标的垃圾处理模式的潜力已经挖掘殆尽，新形势下寻求新突破，亟须新理念引领形成新模式。垃圾分类初心的第三层次是优化社会治理结构，从这个角度来说，垃圾分类的本质更多是政府、企业、居民的多边界问题，是环保行业中与公共管理学科关联度最大的一个子领域。垃圾分类工作中除了政府的公共服务内容以外，还增加了社会管理方面的内涵。

过去的垃圾清运与处置是政府在公共服务领域唱"独角戏"，现在居民、企业、社会组织等都参与进来，在垃圾分类处理系统中都有各自的角色和定位。以垃圾分类为触角，中国的社会治理体系变革真正下沉到了基层，这对政府的精细化管理水平是一项长久的大考。多元主体共同参与垃圾治理，充分促进政府、居民、企业、社会组织等利益相关方自我及相互管理、服务、教育、监督，形成垃圾分类人人参与、人人尽责的良好局面。这样才能真正走出老模式的泥沼，探索出新的路径，才能真正推动社会治理体系的现代化，让人民群众有实实在在的参与感和获得感。

1.2.4　推动社会文明——时尚化

垃圾分类正在引导和倒逼居民减少和避免不健康、不环保的生活方式,增加产业价值链绿色程度。一方面,居民减少一次性产品使用、减少食物的浪费、养成节约的习惯,有助于形成更加绿色健康的生活方式;另一方面,从源头做好垃圾分类,会使城市末端的垃圾收运、处理更为便利,有助于促进城市精细化管理、保障可持续发展。

从社会的角度来看,垃圾分类是惠民工程,是对国家和人类有益的事情,因此,垃圾分类的落地要站在未来角度指导现在的方式。通过每一位社会公众的努力,使垃圾分类成为引领时尚的社会文明价值导向和行为习惯。时尚化作为公民端的行为表现,与政府端、机构端的优化治理结构是社会管理的一体两面,是新时代垃圾分类的内涵所在。

垃圾分类是提高国民素质的重要途径之一。目前,是否能够将垃圾进行有效的分类已经被视为一国国民是否具有高素质的标志之一。特别是生态文明时代,将垃圾进行有效分类更应该成为时尚的现代生活方式。

1.3　本章小结

垃圾分类虽然属于市政领域,但是不局限于市政的范畴内。首先是定位于市政环卫领域的无害化,其次是商业与经济领域的资源化,再到社会治理体系的现代化，同时涉及百姓的社会行为，使其成为一种新的时尚。垃圾分类初心的四个层次是层层递进的，无害化、资源化是经济基础，涉及物质和能源层面；治理结构优化和时尚化是上层建筑，涉及行为和精神层面。垃圾分类是社会文明到了一定程度之后，必须要做的事。

第 2 章

垃圾分类的内在规律

受尊重自然、道法自然的文化影响，中国是世界上最早提出垃圾分类的国家之一，但是几十年来中国的垃圾分类工作开展得并不顺利，直到 2016 年习近平总书记要求普遍推行垃圾分类制度，中国的垃圾分类工作才开启了新纪元。究其原因，是因为垃圾分类工作具有艰巨性、复杂性和长期性，不仅涉及自然科学还涉及社会科学，我们对垃圾分类的内在规律一直没有系统、客观、清醒的认识。本章从垃圾分类的初心出发，试图解析垃圾分类在无害化、资源化、社会治理体系现代化、时尚化方面的内在规律，助力城市管理者更好地认知垃圾分类的内涵，更科学地制订垃圾分类实施方案。

2.1　中国垃圾分类发展状况

2.1.1　中国垃圾分类时间轴

（1）以废旧物资回收为导向的收废品时期

中国是世界上最早提出垃圾分类的国家之一。1957 年 7 月 12 日的《北京日报》头版头条刊登了《垃圾要分类收集》一文，呼吁北京居民要对垃圾进行分类回收，"垃圾分类"概念由此正式确立。从 1957 年提出垃圾分类一直到 2000 年国家确定垃圾分类试点城市的几十年间，都不是真正意义上针对有害垃圾的分类，而是以废旧物资回收为目标的资源回收，也就是收废品。垃圾分类初心的首要层次，即垃圾的无害化在当时国情下不是源头分类重点关注的因素。

不可否认，中国的拾荒和废品收购大军是全世界最大规模的垃圾资源利用群体，他们的存在极大提高了中国垃圾处理的效率，极大地减少了中国生活垃圾进入末端处理设施的总量。从某种程度上讲，中国一直都是世界上垃圾资源化做得最好的国家之一。

（2）以方便末端处理为导向的垃圾 分类试点时期

随着中国城市化和工业化的快速发展，无论是 20 世纪 80 年代之前以供销社体系为主导的资源回收时期，还是 20 世纪 80 年代之后以各类小商贩和"拾荒者"为废旧资源再回收利用的主力军时期，都无法解决无回收价值垃圾巨大增量的问题，也无法解决垃圾在末端处理中的各类问题，垃圾无害化逐渐成为垃圾问题的关键。

2000 年，原国家建设部城市建设司确定了 8 个城市开展生活垃圾分类收集试点，正式启动以方便末端减量化和无害化处理为导向的垃圾分类工作，体现了垃圾分类初心的第一层次——确保垃圾的无害化。此后的十几年，虽然中国的许多城市不断尝试推广实施垃圾分类，但效果一直不尽如人意，各试点地区始终没有找到适合中国国情的垃圾分类方法。

（3）全覆盖、共参与的垃圾分类系 统新纪元

随着生活水平的提升、物质生活的丰富，垃圾的种类和产生量急速增长，垃圾的成分越来越复杂，有害成分不断增加，垃圾的环境污染属性越来越突出，垃圾处理难度越来越大。以无害化为目的的末端垃圾处理能力的提升跟不上垃圾增长的速度，倒逼垃圾的源头减量和分类系统的建立。

2016 年 6 月，国家发展改革委和住建部联合发布《垃圾强制分类制度方案（征求意见稿）》，提出把生活垃圾强制分类作为推进绿色发展和创新城市管理的一项重要举措。同年 12 月，习近平总书记在中央财经

领导小组第 14 次会议上提出：普遍推行垃圾分类制度，关系 13 亿多人生活环境改善，关系垃圾能不能减量化、资源化、无害化处理。随着生态文明理念的深入人心，垃圾分类作为推动生态文明建设的重要抓手，党中央的高度重视强力推动中国的垃圾分类进入新的历史时期。

新时期以启动、强化"法治"手段为标志，同时注重开展广泛的教育引导工作，动员居民普遍参与垃圾分类，建立分类投放、分类收集、分类运输、分类处理的垃圾处理系统，形成以法治为基础、政府推动、全民参与、城乡统筹、因地制宜的垃圾分类制度，努力提高垃圾分类制度覆盖范围。垃圾分类工作的初心也逐步明晰，改善生态环境，提高循环层级，优化治理结构，推动社会文明。

2.1.2 中国垃圾分类政策线

（1）垃圾分类政策雏形

垃圾分类概念提出后的很长时间内，中国并没有建立起完善的垃圾分类政策体系，1992 年国务院颁布的《城市市容和环境卫生管理条例》要求"对城市生活废弃物应当逐步做到分类收集、运输和处理"，这是有关生活垃圾分类处理的政策雏形。

（2）国家层面的垃圾分类政策

从 2000 年起，中国开始在北京、上海、广州、深圳、杭州、南京、厦门、桂林 8 个城市进行垃圾分类收集的试点工作，到 2016 年 12 月 21 日习近平总书记在中央财经领导小组第 14 次会议上要求普遍推行垃圾分类制度（表 2.1.1），国家层面的垃圾分类政策体系不断完善（表 2.1.2），垃圾分类工作进入"法治"时代。

表 2.1.1　习近平总书记关于垃圾分类工作的指示

时间	会议/活动	垃圾分类相关指示
2016 年 12 月	中央财经领导小组第 14 次会议	要加快建立分类投放、分类收集、分类运输、分类处理的垃圾处理系统，形成以法治为基础、政府推动、全民参与、城乡统筹、因地制宜的垃圾分类制度，努力提高垃圾分类制度覆盖范围
2018 年 11 月	上海考察	垃圾分类工作就是新时尚
2019 年 2 月	北京考察	希望老街坊们"养成文明健康的生活方式，搞好垃圾分类和环境卫生"
2019 年 6 月	—	实行垃圾分类，关系广大人民群众生活环境，关系节约使用资源，也是社会文明水平的一个重要体现。 培养垃圾分类的好习惯，全社会人人动手，一起来为改善生活环境作努力，一起来为绿色发展、可持续发展作贡献
2019 年 12 月	2020 年新年贺词	垃圾分类引领着低碳生活新时尚

表 2.1.2　国家层面垃圾分类相关政策

时间	政策名称及发布机构	垃圾分类相关内容
2017 年 3 月	《国务院办公厅关于转发国家发展改革委　住房城乡建设部生活垃圾分类制度实施方案的通知》（国办发〔2017〕26 号）	到 2020 年底，基本建立垃圾分类相关法律法规和标准体系，形成可复制、可推广的生活垃圾分类模式，在实施生活垃圾强制分类的城市，生活垃圾回收利用率达到 35% 以上
2017 年 7 月	《国务院办公厅关于印发禁止洋垃圾入境推进固体废物进口管理制度改革实施方案的通知》（国办发〔2017〕70 号）	加快国内固体废物回收利用体系建设，建立健全生产者责任延伸制，推进城乡生活垃圾分类，提高国内固体废物的回收利用率

时间	政策名称及发布机构	垃圾分类相关内容
2017 年 10 月	国家机关事务管理局、住房城乡建设部、发展改革委、中宣部、中直管理局印发《关于推进党政机关等公共机构生活垃圾分类工作的通知》（国管节能〔2017〕180 号）	2020 年底前，直辖市、省会城市、计划单列市和住房城乡建设部等部门确定的生活垃圾分类示范城市的城区范围内公共机构实现生活垃圾强制分类；其他公共机构要因地制宜做好生活垃圾分类工作
2017 年 12 月	《住房城乡建设部关于加快推进部分重点城市生活垃圾分类工作的通知》（建城〔2017〕253 号）	2020 年底前，46 个重点城市基本建成生活垃圾分类处理系统，基本形成相应的法律法规和标准体系，形成一批可复制、可推广的模式。在进入焚烧和填埋设施之前，可回收物和易腐垃圾的回收利用率合计达到 35% 以上。 2035 年前，46 个重点城市全面建立城市生活垃圾分类制度，垃圾分类达到国际先进水平
2018 年 12 月	《国务院办公厅关于印发"无废城市"建设试点工作方案的通知》（国办发〔2018〕128 号）	加快垃圾处理设施建设，实施生活垃圾分类制度。 践行绿色生活方式，推动生活垃圾源头减量和资源化利用
2019 年 4 月	《住房和城乡建设部等部门关于在全国地级及以上城市全面开展生活垃圾分类工作的通知》（建城〔2019〕56 号）	到 2020 年，46 个重点城市基本建成生活垃圾分类处理系统。其他地级城市实现公共机构生活垃圾分类全覆盖，至少有 1 个街道基本建成生活垃圾分类示范片区。 到 2022 年，各地级城市至少有 1 个区实现生活垃圾分类全覆盖，其他各区至少有 1 个街道基本建成生活垃圾分类示范片区。到 2025 年，全国地级及以上城市基本建成生活垃圾分类处理系统
2019 年 11 月	《生活垃圾分类标志》（GB/T 19095—2019）	相比于 2008 版标准，新标准的适用范围进一步扩大，生活垃圾类别调整为可回收物、有害垃圾、厨余垃圾和其他垃圾 4 个大类和 11 个小类
2020 年 2 月	《国家发展改革委关于印发〈美丽中国建设评估指标体系及实施方案〉的通知》（发改环资〔2020〕296 号）	美丽中国建设评估指标体系包括空气清新、水体洁净、土壤安全、生态良好、人居整洁 5 类指标。 人居整洁包括城镇生活垃圾无害化处理率、农村生活垃圾无害化处理率等 6 个指标

（3）地方层面的垃圾分类政策

2019 年 7 月 1 日，被称为"史上最严垃圾分类措施"的《上海市生活垃圾管理条例》正式开始实施，上海在全国率先开展强制垃圾分类工作。据统计，截至 2019 年 12 月，46 个强制垃圾分类试点城市中，已有 26 个城市启动垃圾分类地方立法。2019 年 12 月 9 日，由住房和城乡建设部联合中国政府网共同推出的"全国垃圾分类"小程序正式上线，可详细查看全国 46 个生活垃圾分类重点城市的垃圾分类相关政策及分类标准和投放要求。

2.1.3　中国垃圾分类现状

当前，中国城市生活垃圾分类方法有三种，分别是三分法、四分法和"大分流、细分类"方法（图 2.1.1）。

从 2000 年开始，首批垃圾分类 8 个试点城市试行了可回收物、有害垃圾和其他垃圾（也称为干垃圾）"三分法"，目前还有个别城市仍然采用这种分类方法。后来，随着末端处理条件的逐步成熟，大多数城市开始在"三分法"的基础上增加了干湿分离，形成"四分法"（即可回收物、有害垃圾、厨余垃圾、其他垃圾）。除此之外，以苏州和深圳为代表的少数城市采用的是"大分流、细分类方法"，将可回收物进行了进一步细分，对玻璃、金属、塑料、纸类等不同可回收物进行了细分类，进一步加强生活垃圾分类回收与再生资源回收的衔接。

随着 2019 年 11 月住房和城乡建设部发布《生活垃圾分类标志》（GB/T 19095—2019），垃圾分类"四分法"成为分类标准（表 2.1.3）。

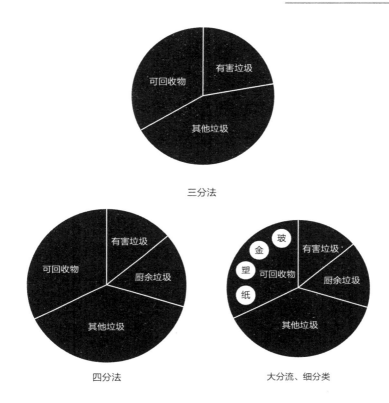

图 2.1.1　中国垃圾分类的几种方法

表 2.1.3　生活垃圾分类标志的类别构成

序号	大类	小类
1		纸类
2		塑料
3	可回收物	金属
4		玻璃
5		织物
6		灯管
7	有害垃圾	家用化学品
8		电池
9	厨余垃圾 [a]	家庭厨余垃圾
10		餐厨垃圾

序号	大类	小类
11	厨余垃圾 [a]	其他厨余垃圾
12	其他垃圾 [b]	—

除上述 4 大类外，家具、家用电器等大件垃圾和装修垃圾应单独分类

注：摘自《生活垃圾分类标志》（GB/T 19095—2019）。

a. "厨余垃圾"也可称为"湿垃圾"。

b. "其他垃圾"也可称为"干垃圾"。

2.2 垃圾分类的四大内在规律

2.2.1 垃圾分类让无害化更持续、更充分

（1）保障无害化率，让无害化更加稳定、可持续

　　住房和城乡建设部统计年鉴数据表明，2017 年中国城镇生活垃圾无害化率已经达到 96.1%，中国绝大多数城市的生活垃圾处理无害化程度都已在数值上达到了统计上的较高水平。然而目前的无害化处理手段，多数局限于当下环节的无害化，其可持续性有待考究。垃圾分类可以使传统的无害化处理方式在可持续性上得到提升，无害化设施的使用寿命、技术路线、设施的使用年限及运营的经济成本等各方面都随之优化。

　　以上海垃圾分类为例，自 2019 年 7 月 1 日执行强制分类后，进入

末端的垃圾种类、产量和理化特性发生了明显变化。上海垃圾分类后，进入末端焚烧厂、填埋场的垃圾含水率大幅度下降，渗滤液的产生量减少了 1/3 左右。只有在前端提高垃圾分类的纯度，才能在后端提升后续处理、再利用和焚烧的效率，进一步降低对环境带来的影响。

在垃圾分类的视野下看无害化处理，通过垃圾分类带来生活垃圾的减量、提质后，垃圾填埋场的寿命得以延长，焚烧厂的热值提升、渗滤液变少，比原有混合垃圾对焚烧设施的损害降低，整体运营效率有所提高，使垃圾无害化设施运行更加稳定、更加可持续。

在生活垃圾管理全产业链视角下看无害化处理，前端增加的垃圾分类环节，不可避免地在一定程度上带来人员、设施等方面成本的增加，但放宽视角来看，分类后的生活垃圾在进入无害化处理设施后，由于质量提升，对末端处理设施而言处理难度有所降低，技术路线可相应调整，从而整体无害化处理成本有所降低。例如，将厨余等有机垃圾分出后，填埋场、焚烧厂长期以来面临的大量渗滤液处理成本高、处理难度大的问题将有所缓解，从而降低了处理成本，延长了处理设施的寿命，提高了可持续性。

（2）在更广阔的时空维度下，垃圾分类让无害化更加真实、充分

无害化有时空的概念，不只是已有条件和现有阶段下的无害化。

首先，从空间维度来看，在当前无害化的处理方式中，不乏通过简单的"外运"等方式将生活垃圾暂时转移，有些垃圾甚至国际转运，实质上只是通过转移的方式实现"局部"的无害化，从延展的空间来看，

这种方式并未实现真正的无害化。

其次，从时间维度来看，不同类型的污染，其影响的持续时间具有明显区别。噪声污染是即时性的；大气污染可持续几天，气象条件较好时会自然消失；水体污染一般可持续数月，水体生态环境具有一定的流动性而产生自净功能。与其他类型的污染不同，固体废物污染的滞后性较为明显，"潜伏期"更久。固体废物污染可能会转化成其他相的污染，例如渗滤液对地下水产生污染、垃圾焚烧不达标对大气产生污染等，虽然从固体废物角度来看垃圾污染问题得到解决，但从延展时间维度来看，随着滞后性的固体废物污染逐步释放，转移至其他相，并未实现真正的无害化。

如何让看似已经高比例的无害化率有实质性的做实和提升，把"表面"的无害化变成生态学意义上真正的无害化？在"两山"经济中有一个核心价值规律——时空变现规律，即在更长远、更宏大的时间和空间维度下，来核算自然生态供给在未来社会创造的商业价值。跨出地域、时间限制下的大格局核算，会更容易理解"绿水青山就是金山银山"的伟大论断。

生态文明建设让生态环境循环的价值比重越来越大，这种价值逐步被认可并逐步转化成资本和经济对价。因此，在时空概念下真实、充分的无害化，绝不能只是当下时间、当下空间的"暂时""局部"无害化。这种"无害化"在生态学意义上并未真正实现，在生态文明时代的时空变现逻辑下将带来经济意义上的折损。伴随生态文明时代的到来，"两山"经济的价值规律逐渐发挥更大作用，存量的"不稳定"无害化技术应当通过科学的系统解决方案加以修正，将垃圾分类系统解决方案设计的技术路线进行全时空、全地域的综合考量，选择更加真实、更加充分的垃圾分类途径及无害化处理方式。

2.2.2 垃圾分类使资源化更有利、更可行

(1)垃圾分类助力资源化，提高物质循环层级

垃圾分类投放、分类收集、分类运输、分类处置的系统体系，从本质上来说是城市、工业与大自然的物质交换。垃圾的资源化处理手段呈现出了典型的倒金字塔形层级之分（图 2.2.1）。

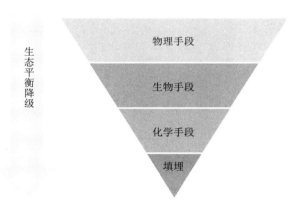

图 2.2.1 资源化处理手段的倒金字塔形层级

"物理手段"是级别最高的，例如将废旧衣物通过二手交换市场由需要的人取走，不改变衣物的物理性能和功能，这部分手段的资源化，并未过多改变物质的特性，也没有对资源和能源产生过多消耗，通过最低的能耗和最小的改变实现了"垃圾变资源"，这种分类的生态水平最

高，并未有太多人为因素介入大自然的生态循环。

"生物手段"次之，例如通过生物反应对有机垃圾进行好氧堆肥或厌氧反应产生有机肥和可燃气等资源化产品，借助生物反应实现资源化利用，虽然一定程度上对物质的本质产生了改变，但其参与主体仍是自然界的生物体，生态程度适中。

"化学手段"再次之，例如生活垃圾进入焚烧炉后，将物质中原本的能量转化成了热能等其他类型的能源，借助化学手段改变了物质的本身性质，虽然也产生了资源化、能源化效益，但是对大自然的生态循环产生了一定的化学强干预，自然循环的跨度大，能源和物质的衰减和消耗大。一些通过石油化工高温高压产生的废物，必须要通过对应的化学反应才能实现循环闭合。

而针对混合垃圾的填埋本质上并未对资源和能源进行利用，属于最为"低级"的垃圾处理手段，其资源化程度最低，并存在无害化不彻底、不稳定的风险。

对垃圾分类意义的思考，本质上还是回答人和自然的关系，尽量不要消耗资源，要重复利用资源，利用资源的增量和自然的力量去创造价值增量，既是垃圾分类的初心，也正是"两山"经济的理论核心。一个成功的分类模式，应当通过合理的模式设计，尽可能提高"高级处理"方式的占比，减轻对资源、能源的损耗和对生态循环的人为介入。

（2）垃圾分类增强资源化的多重协同

垃圾分类可以增强各类资源的相互协同，增强无害化和资源化的相互协同。

首先，在资源化的过程中，将各类资源（能源、物质、副产品等）的相互协同纳入考量。这一思路已经在静脉产业园区的设计中进行了一定的尝试。以宁波静脉产业园为例，垃圾经过分选后，可燃烧的部分由康恒环境运营的垃圾焚烧设施进行处理，而厨余垃圾则运送到首创环境运营的厨余项目上进行处理；反之不符合厨余厂入厂标准的筛出物以及厌氧反应后产生的残渣等也将由康恒环境运营的垃圾焚烧设施进行焚烧处理。园区的公共设施、道路等由几家企业共同进行维护，在协同之下提高整体的效率。这种协同不仅仅是末端环节的配合，也延伸至中端收运环节的收运路线设计、收运模式选择，甚至可以延伸至前端垃圾分类的标准、分出物质量要求等。实现资源化环节的物质能源多重协同，离不开前期系统性垃圾分类模式的统筹考虑。

其次，在资源化的过程中，也应考虑无害化与资源化二者的相互协同。许多资源化技术在"变废为宝"的同时也实现了垃圾无害化。例如通过垃圾分类将分出的厨余等有机垃圾进行堆肥制造有机肥，在充分利用有机质的同时，也实现了有机固体废物的无害化。许多无害化处理途径，虽然看似并未直接产生资源化产品，但实际上在广义资源化的角度已经实现了资源化协同。例如生活垃圾焚烧厂将垃圾焚烧产生的余热通过水蒸气回收用于厂区其他设施的供热，在小范围内实现了能源互通，提高了物质流、能源流的多重协同水平。

（3）垃圾分类加速形成资源化领域的价值奇点

自然界的一切都是循环往复的，一切物质也都是循环不灭的。"两山"经济指出，人类劳动的核心价值在于连接，就是将生产合理地依托在生态循环之上，获得生态循环的价值增量，尽可能地利用高科技掌握自然规律，师法自然，以达到经济和生态的和谐统一。党的十九大以来，"两山"产业发展的需求已明显释放，环境产业作为地方政府和产业绿色化转型的核心推动力，处在几乎所有产业价值链的末端，是最贴近"两山"产业的主导力量。在环境产业中，生活垃圾资源化企业则承担了连接固体废物处理和资源循环再生的核心中转功能，其天然所处的"中转站"位置，将更有利于打造价值奇点。资源化产业的价值实现，与系统性的垃圾分类体系建设密不可分。

对可回收物而言，将湿垃圾分出后的可回收物受污染的程度将明显降低，对其经济价值的提升有最为直接的作用；对其他垃圾（干垃圾）而言，干湿分离后进入终端处理设施的成分含水率将有所降低，焚烧效率得到提高，且混合垃圾产生的极难处理的渗滤液问题亦将缓解，能源化水平将明显提高；对厨余等有机垃圾（湿垃圾）而言，由于内含大量油脂和蛋白质，加工成高蛋白优质饲料可代替玉米、豆粕等，按干物质含量计算，5 000 万 t 餐厨垃圾内含的能量相当于每年 1 000 万亩[①]大豆的蛋白质产出量。除此之外，有机垃圾还可以通过厌氧发酵制成沼气，用于发电和用作清洁能源等。沼渣等产物有机质含量较高，具有肥效快、肥效稳定等特点，经过进一步加工成有机肥后可替代工业化肥，进入园

---

① 1 亩 ≈ 666.67 m^2。

林、果园等农业种植领域，资源化价值得以转化和实现。

当分类垃圾处理稳定持续地关联了农业、能源、再生资源利用等领域时，它就不仅仅是环境产业，而是具有价值交集和价值增量的"两山"产业，不再仅仅是无害化的"终点站"，而成为一个价值奇点，是资源化的"中转站"。而垃圾分类，则是寻找各类有机垃圾、可回收物等资源化价值高的固体废物的重要先决步骤。因此，科学合理地进行垃圾分类系统解决方案设计，有利于资源化价值奇点的挖掘，有利于城市系统化管理的提高，有利于环境产业向"两山"产业的转型。

从局部考虑，垃圾分类增加了分类投放、收集、运输和处理设施的建设运营费用，分出的有机垃圾处理费用也高于混合处理的生活垃圾焚烧成本，在局部、当下的视角考虑，垃圾分类短期内似乎是不经济的行为。但从长远来看，在分类投放、分类收集、分类运输、分类处理体系进一步完善后，可回收物资源利用更高质、一般垃圾末端处理更高效、有机垃圾处理利用更有序，在固体废物综合管理体系下，生活垃圾综合处理成本将明显降低，固体废物资源化利用水平将稳步提升，生态系统有机质的良性循环将逐渐形成。

从"两山"经济角度来讲，生态循环可以从自然生态的大循环、跨行业、跨领域、跨产业连接之中实现价值增量。在足够长的时间维度和足够广的空间维度下，随着环境效益的缓释，绿水青山的循环增量将通过时空变现逐步转换为金山银山，实现垃圾分类的"经济学合理"。合理的资源化技术路线的实践，将成为这一链接中的重要价值奇点。

2.2.3 垃圾分类是社会治理迈向现代化的重要环节

2019 年 10 月 31 日，党的十九届四中全会通过《中共中央关于坚持和完善中国特色社会主义制度、推进国家治理体系和治理能力现代化若干重大问题的决定》，指出："必须加强和创新社会治理，完善党委领导、政府负责、民主协商、社会协同、公众参与、法治保障、科技支撑的社会治理体系。"改革开放四十多年来，随着经济快速发展和社会急剧转型，中国的社会治理体系不断变化、不断丰富、不断升级，已由传统的政府中心管理模式向多元治理体系蜕变，参与群体更加广泛、治理模式更加复杂、治理边界更加难以界定。垃圾分类的出现，就是社会治理体系多元化的具现，具有代表性、示范性，甚至前瞻性。

（1）推行垃圾分类是党领导一切的集体优势体现

"小智治事，大智治制"。说的是有小智慧的人善于处理具体事务，而有大智慧的人会通过建立健全各项制度来解决问题。垃圾分类看似小事，其实是大事，是事关人民生活的大事，需要大智慧。垃圾分类、"厕所革命"、食品安全，只要是涉及民生福祉，就是党和国家心中的大事。

"党领导一切"的出发点和落脚点是党始终代表和维护人民的利益。推进垃圾分类，就是满足人民群众对美好生态环境的需求，代表了最广泛的人民利益。垃圾分类是个复杂的系统工程，牵一发而动全身，涉及不同的产生主体、不同的垃圾品类、不同的处理与利用环节，包括设施规划与建设、立法与执法、制度建设、标准与规范制定、宣传教育、监督考核、社会参与等工作，一旦启动会有各种的利益冲突，因此需要有一个强有力的领导、一个统一的声音来指挥。

与西方的分权制不同，中国是中国共产党领导下的大循环体制，具有集中力量办大事的制度优势。开展垃圾分类，就是在党的领导下，明确政府职责，集中力量调配企业、事业单位、社区、公众、社会团体等多方资源，统一行动。垃圾分类于寻常处见功力，是一次对党和政府以人民利益为出发点的长久考试，是对党的领导能力和执政能力的全面检验和查漏补缺，是中国制度自信的充分展示。

（2）推行垃圾分类是以人民为中心的基层社会治理试金石

"基础不牢，地动山摇"。基层工作是国泰民安的"压舱石"，是社会治理的最前线，也是矛盾和问题的集聚地。基层社会治理最重要的就是保护好人民利益，是与人民利益最直接、最密切相关的治理单元。

基层社会治理涉及的工作方方面面五花八门，小事多、杂事多，有点有面，有长有短，有你有我。作为基层社会治理的新触角、新形态，垃圾分类正在重塑基层社会治理的大网，将街道、社区、物业等一个个分散的点串联成一条条线并汇聚成网，让政策、资金、能量都能在这张大网上快速畅通地流转，真正推动社会治理的重心向基层下移、向百姓贴近，向高效率层级提升。

垃圾分类，重新定义了中国的基层社会治理体系。对百姓来说，垃圾分类入门入户接地气，改变了生活和消费习惯；对街道办来说，垃圾分类既是一项新型的、常态化的管理工作，更是将原有的宣传、普法、卫生、教育、工青妇幼等工作全部串联起来拧成一股绳，是政府垂直管理的进一步延伸；对居委会来说，通过垃圾分类能更好地承担起政府助手的职责，同时扩展了居民参与社会共治的通道和途径，桥梁作用更加牢固；对物业来说，垃圾分类是服务，也是责任所在，是成本，也是商业机会所在。

（3）推行垃圾分类是依法治国的补充延伸

"天下之事，难于法之必行。"依法治国是社会治理的基础性保障，社会治理首先要做到有法可依。党的十九大提出的共建共享共治的社会治理新格局，目的就是要形成一个国家有权威、政府有作为、社会有活力的新秩序，即依法形成国家理性权威、政府依法有为、社会依法自治。

垃圾分类具有公共服务的属性，政府有义务通过垃圾分类为百姓提供良好的、安全的生活环境，这是政府为人民服务的职责所在；同时，开展垃圾分类也是公民和企事业单位等垃圾产生主体的义务，需要政府牵头进行社会管理，在法律层面做出明文规定，做到有法可依、依法管理，这样才能保障垃圾分类工作的顺利有序开展。

早在 2016 年，习近平总书记就强调，"形成以法治为基础、政府推动、全民参与、城乡统筹、因地制宜的垃圾分类制度"。由此可见，形成垃圾分类制度，法治是基础和保障。建立垃圾分类法律法规体系，就是推动垃圾分类行为从公民的自主道德层面向公民义务转变，是德治与法治的充分融合。垃圾分类的立法过程就是一次与人民最根本利益、最真实诉求的充分沟通并用法律手段予以保护。同时，垃圾分类法律法规的出台，也是对中国现有法律体系的有效补充。

（4）推行垃圾分类体现政府精细化
管理水平

"天下大事，必做于细"。习近平总书记说："城市管理应该像绣花一样精细。"如何处理垃圾、如何进行垃圾分类体现了一个城市的综合管理水平，是城市主官执政理念的落地回响，是城市历史文化的传承延续，是城市未来发展的价值取向。

首位女性诺贝尔经济学奖得主、美国政治经济学家埃莉诺·奥斯特罗姆认为，治理如果仅仅是停留在一个层次上，是不能持续成功的。垃圾分类涉及城市的众多管理层级的提升。

一是跨部门的协同。垃圾分类工作多由城市一把手挂帅，住建部门牵头，生态环境、发改、工信、教育、宣传等部门参与其中，各司其职。初期侧重监管，后期以调动多元主体的主观能动性为重心。

二是对已有财政支付体系的创新尝试。在政府前期补助之外，垃圾本身就是一种资源，具有价值，可以逐渐引入第三方社会资本参与垃圾分类，减少财政支出。同时，对公众、企业等垃圾产生主体来说，各地也正在探讨产生者付费机制。

三是推动产业绿色发展升级。垃圾分类不仅是一种生活方式的改变，对固体废物产业链利润的重新分配和体系化建设也将产生深远影响。另外，随着公众垃圾分类理念和意识的提高，绿色消费可以倒推绿色生产，从包装到工艺全面推动制造业绿色化发展进程。

四是加快智慧城市建设进程。很多城市正在打造智能垃圾分类平台，通过一键预约回收、在线积分兑换等功能，真正让科技服务于百姓生活，通过系统收集环卫大数据、社区用户大数据、厨余垃圾大数据等，连接到城市的安全、环境监控等大网络，更加完善智慧生活、智慧城市体系。

综合来看，垃圾分类已经形成了一个复杂的、系统的、完整的社会治理体系，垃圾分类工作的推进程度，某种程度上已经成为城市精细化管理水平的一面镜子。

（5）推行垃圾分类提升居民参与生活垃圾系统管理的积极性

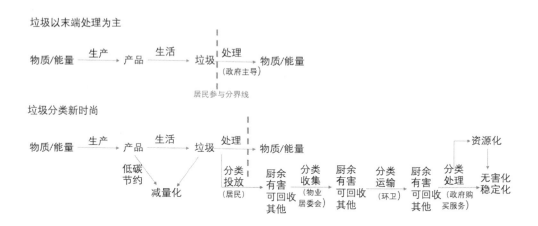

图 2.2.2　居民参与垃圾分类范围变化

垃圾源头分类作为生活垃圾系统管理工程的首要关键环节，直接影响后续垃圾处理的减量化和资源化。在垃圾以末端处理为主的阶段，居民未参与到垃圾分类处理体系之中，责任主体是政府，而且政府侧重于后端无害化处理设施的投入，没有对居民的宣传教育方面给予足够的重视。

在垃圾分类全流程阶段，居民成为垃圾分类投放的责任主体，居民参与垃圾物质流转的范围在扩大，界线在后移；同时，分类收集、分类运输、分类处理也扩大了参与主体，物业、居委会在分类收集方面承担了宣传和引导的责任，环卫部门负责分类运输，政府通过购买服务引入市场化主体承担分类处理责任，形成了政府、企业、公共机构、居民多方参与的垃圾系统处理体系，改变了之前单纯以政府为责任主体的局面。

2.2.4　垃圾分类是反映社会文明水平的重要标志

（1）垃圾分类是正在形成的全新价值观、时尚观

时尚，是时与尚的结合体。所谓时，乃时间，时下，即在一个时间段内；尚，则有崇尚，高尚，高品位，领先的意思。时尚就是在特定时段内率先由少数人尝试、预认为后来将为社会大众所崇尚和仿效的生活样式。简单地说，时尚就是"时间"与"崇尚"的相加。时尚首先必须是健康的，其次是大众普遍认可的，最重要的是可以更好地引领当前时代和下一代人的正确价值观和健康的人生观。

时尚对生态文明新时代而言，不只是为了修饰，而已经演化成了一种追求真善美的意识。追求时尚不在于被动的追随而在于理智而熟练的

驾驭。具体到垃圾分类而言，时尚化是居民积极主动参与垃圾分类，而不是被动接受；长期来看，时尚化是居民愿意花钱去做垃圾分类，依靠补贴去推动只是短期的过程。总体而言，垃圾分类新时尚是一种正确的价值观和美好的生活方式。

（2）垃圾分类推动绿色生活方式的形成

垃圾分类关系千家万户，涉及人们思想观念、行为方式、生活习惯的改变。垃圾分类习惯的养成，是公民生态文明意识培养和提高的过程，是社会文明提升的重要标志之一。通过培养垃圾分类的习惯，可以推动人们选择绿色、低碳的生活方式，回归人与自然和谐相处，逐步践行尊重自然、顺应自然、保护自然的理念，从而使资源节约、环境友好的生活习惯成为一种新时尚。垃圾分类有利于社会文明的进步，社会文明程度提高后也会反向助力垃圾的源头减量。

垃圾分类本质是一种新的生活方式，即自己产生的垃圾自行负责，部分自己处理，即使不能完全处理，至少也将配合垃圾处理纳入自己的工作、学习、旅游等方方面面的生活过程管理之中。这与以前不一样，以前居民自己只顾无节制地产生垃圾，政府环卫部门负责处理垃圾，个人只需要少量缴纳垃圾处理费，甚至不缴垃圾处理费。至于垃圾最终如何处理，则是事不关己，个人只负责享受服务，处理不好，就从自我角度提出抗议。由此导致的结果，个人生活是一部分，垃圾处理是另一部分，垃圾处理位于生活之外。或者说，生活由输入、输出两部分组成，一般民众只管生活输入部分，输出部分不在生活管理之中，生活只顾占用外部资源，有时浪费也在所不惜。

现在则完全不同，在居民参与垃圾分类的过程中，消耗多少、浪费多少，越来越清楚了。物质从生活输入到作为垃圾输出过程中，就像有一张食物成分表一样，各种成分都罗列其中，尽在掌握。只有这样，才能将垃圾清楚分类。在这种分类过程中，慢慢形成自行节约、自行归类消费的生活方式，追求尽量少用，不浪费，追求资源的再次利用，从而引领低碳生活新时尚。

（3）提倡垃圾分类使时尚化有了新的文化内涵

时尚化行为习惯的养成，侧重于对年轻人的教育、对舆论的引导。垃圾分类要站在未来看现在，儿童、年轻人是祖国的未来，与垃圾分类相关的教育要从小抓起，使其真正成为一种新的社会风潮。通过有社会影响力的公众人物践行垃圾分类行为，引导居民感知到垃圾分类是很愉悦、很时髦的事情。通过设计与垃圾分类相关的时尚产品，比如印有吉祥物的塑料袋、垃圾桶，增加垃圾分类的文化元素，提高时尚度。

垃圾分类正在与当下很多流行元素相融合，比如通过新媒体（微信、抖音）发布垃圾分类的科普趣味文章、图片、视频；通过 TED 演讲对垃圾分类进行宣传推广；通过对垃圾分类先进人物的表彰，树立生态文明社会主义新时尚的标杆，使人们意识到原来做好垃圾分类也是一种荣誉。通过宣传、表彰，形成如果不分类就是落伍，分类才能获得荣誉感、满足感的垃圾分类新理念。

没有一成不变的时尚，但可以有一直传承的文化。抽水马桶替代"蹲坑"成为时尚，卫生间以前也不是时尚，现在卫生间是家庭装修的点睛之处。我们期待有朝一日，垃圾分类用品也会成为个人生活的时尚组成。让垃圾分类成为一种文化，成为中华民族文化自信的展现。通过教育、引导、宣传、表彰，使垃圾分类跟个人形象、自我评价相关联，使垃圾分类持续成为引领低碳生活的新时尚、新文化。

2.3　本章小结

中国早在 1957 年就提出"垃圾分类"的概念，以无害化为导向的垃圾分类试点工作开始于 2000 年，建立全覆盖、共参与的垃圾分类系统的新纪元始于 2016 年。无害化和资源化是垃圾处理处置的"一体两面"，治理结构优化和时尚化是垃圾分类社会参与的"一体两面"。垃圾分类在环境维度上可以改善生态环境，在社会维度上可以推动人类文明发展，在经济维度上可以提升资源化、能源化水平。分析清楚垃圾分类的内在规律，才能合理规划城市垃圾分类工作的目标，筛选相关的影响因素，制订"一城一策"的垃圾分类系统解决方案，推动垃圾分类工作落地。

第 3 章

垃圾分类的目标、原则和影响因素

厘清垃圾分类的初心和内在规律，有助于城市更好地推动垃圾分类工作的实施。每个城市产业结构不同，消费结构不同，产生的生活垃圾成分也有所区别，因此，垃圾分类的解决方案不能千篇一律，须"一城一策"。基于垃圾分类的理论工具箱，从垃圾分类的初心出发，结合不同城市的"本底值"和未来发展要求，明确城市垃圾分类的目标，并根据系统最优和匹配最强的原则，识别城市垃圾分类的影响因素，个性化"定制"垃圾分类的系统解决方案。

3.1　垃圾分类的目标

3.1.1　国家要求的垃圾分类目标

根据中国垃圾分类的"政策线"梳理，可以总结出垃圾分类的国家量化目标是"到 2020 年底，基本建立垃圾分类相关法律法规和标准体系，形成可复制、可推广的生活垃圾分类模式，在实施生活垃圾强制分类的城市，生活垃圾回收利用率达到 35%以上"。

对于 46 个重点城市的垃圾分类工作要求是"2020 年底前，46 个重点城市基本建成生活垃圾分类处理系统，基本形成相应的法律法规和标准体系，形成一批可复制、可推广的模式。在进入焚烧和填埋设施之前，可回收物和易腐垃圾的回收利用率合计达到 35%以上。2035 年前，46 个重点城市全面建立城市生活垃圾分类制度，垃圾分类达到国际先进水平"。

对于地级及以上城市的垃圾分类工作要求是"到 2020 年，46 个重点城市基本建成生活垃圾分类处理系统。其他地级城市实现公共机构生活垃圾分类全覆盖，至少有 1 个街道基本建成生活垃圾分类示范片区。到 2022 年，各地级城市至少有 1 个区实现生活垃圾分类全覆盖，其他各区至少有 1 个街道基本建成生活垃圾分类示范片区。到 2025 年，全国地级及以上城市基本建成生活垃圾分类处理系统"。

3.1.2　不同城市垃圾分类的差异化目标

由前两章的分析可知，垃圾分类的首要目标是保障无害化率，使无害化更加真实、更加充分、更加稳定，增加无害化的可持续性、适应性，让人民群众放心。在无害化的基础上才是资源化，其目标是提高资源化层级水平，在吃干榨净、变废为宝的过程中尽量低碳、少浪费资源和能源。优化社会治理结构和提高时尚化程度则是更高层级的目标，涉及人类行为和精神层面的追求。一个城市如果无害化、资源化水平都还不能保障，就不能不切实际地直接追求达到时尚化的目标。

正如成都以提高生活垃圾分类覆盖率和资源回收利用率为主要目标，上海以形成垃圾分类的社会氛围为主要目标，每个城市经济发展水平不同，人们的社会认知水平不同，垃圾分类的目标也各有侧重。要想弄清楚城市垃圾分类的影响因素，规划适宜的垃圾分类目标，就要先认识城市本身具有哪些属性特征。

（1）城市的"先天属性"

每个城市因其独特的地理位置、历史背景、气候条件、经济发展水平等因素不同，有其天然具备的"本底"属性。这部分属性是长期积累形成、与城市定位融为一体的，对作为后来者的垃圾分类而言，这些可以称之为"先天属性"。

影响垃圾分类目标的城市典型先天属性包括：地形条件、气候特征、人口数量、人口结构、饮食习惯、产业结构、经济发展水平，以及生活垃圾总产生量、各类垃圾组成占比等。这类指标大多是城市发展过程中逐渐形成、短期内较为稳定的特征，在为城市进行整体规划、顶层方案设计时，应当基于城市固有的基本特征进行设计。

（2）城市的"后天属性"

除了"先天属性"外，在城市发展过程中，对生活垃圾的管理体系发展也在逐渐为城市的固体废物管理格局增加"后天属性"。例如，城市当前的存量垃圾处理设施数量、运输半径、处理能力、处理方式；生活垃圾的已有收运体系、各类垃圾的收运半径；以及固体废物资源化产业链上下游基础条件等。

（3）系统考量，摸清底数，寻找最优

两类属性都是一座城市当下在选择垃圾分类模式时已具有的城市"本底值"，前者是大多数城市在历史发展过程中逐渐通过优化形成的"最优解"，是最适合该城市发展的基础背景数据；而后者则是城市管理者介入后形成的已有的固体废物管理格局，在政策落地和执行过程中无形中为城市增添的"后天属性"。这类"本底"情况，有的切实可行，为城市的高效、生态、可持续运转提供了动力的良性措施，有的也存在评估不清、产能过剩、产业链未打通等种种问题。

与"先天属性"不同的是，"后天属性"可能并非自然选择的最优方案，但由于已经成为既定事实（如处理设施已建成投产、产业链上下游已有相关企业进驻等），对于未来的垃圾分类系统设计来说，这类属性也应作为城市的"本底"背景数据纳入考量。

在选择垃圾分类模式之前，首先需考虑摸清城市底数。对城市的"先天属性"，要深入了解，加以适应；对在城市管理过程中出现的"后天属性"，应当充分利用已有资源优势，选择合理的垃圾分类模式。

3.2 垃圾分类的原则

3.2.1 系统最优

中国的垃圾分类出发点是为了人民福祉和人民关切，而非经济效益，这也是垃圾分类行业不同于传统工业行业的一个重要特点。在全球工业化发展背景下，大多行业推崇"一个模式"，以规模和效益最大化为核心，以集约管理、提高效率、降低成本、加速扩张为出发点，因此大量出现了标准化的工业流程。当人类社会进入生态文明时，传统的工业化思维已经逐渐无法适应生态文明社会的新要求，垃圾分类也不例外，需要选择尊重自然、顺应自然、保护自然，与服务对象的"本底值"相匹配的系统解决方案。

每个城市都生长在自己独特的生态系统中，不可盲目抄袭其他国家、城市的相关做法。垃圾分类工作的实施需要与当前的城市生态系统进行融合，统筹考虑经济因素、自然因素、人文因素的匹配性，充分利用现有的地理条件、相关基础设施、法律法规等，形成一套因地制宜、因势利导的科学方案。

垃圾分类工作涉及垃圾无害化、资源化、社会治理结构的优化以及社会价值观时尚观的塑造，垃圾分类的系统最优是在这四个层次上的系统权衡。

垃圾分类看似是由住建部主导的城市固体废物处理的一个分支，但其实是一个庞大的系统工程，与经济建设、政治建设、文化建设、社会建设和生态文明建设的"五位一体"总体布局密切相关。政府作为主要责任部门，要系统考虑企业、公众、社会团体等多元主体的权责利，要建立住建、生态环境、发改、工信、财政、教育等部门的联动机制；选择经济最优的同时，是否人民利益也能最大化；既要考虑城市的生态环境，与城市已有的山、水、城、产、文相融合，也要契合未来的城市发展定位。

3.2.2 匹配最强

垃圾分类模式对目标城市的匹配度越高，城市所需付出的总体成本也将越少。与完全颠覆固有处理条件、简单生硬照搬国家的"四分类"基本要求、重新进行"乌托邦"式设计不同，在摸清城市的背景数据后，调研其现有固体废物管理体系运作效果，综合评估利弊，在垃圾分类四层次初心和内在规律指导下，结合城市实际和本底情况，提供"唯一性"的定制化匹配方案而非套路化的工业产品。

以垃圾的前端分类方式与末端处理方式相匹配为例。目前，中国的国情决定了中国既不能照搬日本的垃圾分类模式，即搞垃圾无限分类，大量建设分散式焚烧设施；也不能照搬美国的垃圾分类模式，即大规模建设垃圾填埋场。当前，中国的垃圾末端处理方式是与国情相匹配的，相对的，前端的垃圾分类方式也应该满足末端的垃圾处理方式，以形成综合成本最优、技术路线匹配最强的从分类投放到最终分类处理的系统解决方案。

再以资源化技术路线的选择与地区产业特征相匹配为例。在农林业较为发达的地区，厨余垃圾资源化的有机肥产品比较容易找到下游产业进行消纳；而土地稀缺、以工业制造业为主的地区，有机肥等资源化产品的去路很难就近得到解决。对于产品难以得到应用的资源化技术路径，应当在垃圾分类的系统解决方案设计中从前端的分类环节进行规避，以免出现产业链末端不通、资源化价值在生态学意义上不合理的情况。

3.3 垃圾分类影响因素分析

3.3.1 无害化影响因素

（1）城市类型

城市类型大多由其先天资源决定，经过长期发展后定型，属于城市的"先天属性"。不同的城市类型决定了其不同的发展路径和无害化偏好。

城市类型中的二级因素包括：地理位置、城市地位、城市发展定位、资源稀缺程度等。

（2）经济水平

城市的经济水平是在一定历史阶段内城市经济社会发展程度的数字化体现，短期内一般较为稳定，可视为城市的"先天属性"。经济水平决定了城市在选择无害化路径时对成本的敏感程度。

影响城市经济水平的二级因素包括：人口数量、人口密度、GDP、人均可支配收入、消费结构、就业结构、老龄化比例等。

（3）垃圾产生量及组分

生活垃圾的产生量对一个稳定发展中的城市而言相对稳定，其组成结构也与城市长期形成的饮食习惯等密不可分，生活垃圾产生情况作为城市的"先天属性"之一，对其无害化的技术路线、设计规模等方面均有重要影响。

影响垃圾产生情况的二级因素包括：人口数量、人均生活垃圾产生量、生活垃圾组分等。

（4）产业结构

除了上述城市自然形成的"先天属性"，在近年来城市快速工业化发展后，诸多人为因素给城市带来了较大影响。这些影响有的是正面的，有的是负面的，但作为既定事实，"后天属性"也为城市的"本底值"

进行了"不可逆"的"雕琢"。例如,城市的产业结构对生活垃圾无害化的路径选择提出了一定要求。以旅游业为主的城市,对以填埋为主的简单无害化手段接纳程度较低,而更倾向于无害化层级更高、对生态环境影响更小的无害化技术路线;以工业为主的城市,其产业的能源供给及协同要求可能更倾向于选择焚烧这类伴生能源的无害化技术路线;以农业为主的城市,其对肥料的需求催生了有机垃圾堆肥处理的市场,从而更倾向于选择生物处理这种资源化层级较高的无害化技术路线。

产业结构的二级因素包括:各产业生产总值占比、主要工业类型、主要农业类型等。

(5)土地利用情况

中国高速城镇化的背后伴随着土地开发速度的大大提升,而对城市生活垃圾的处理而言,不同类型的技术路径对土地的供应要求有较大区别。因此,当前的土地利用情况及规划水平,是无害化方案选择的主要"后天"影响因素之一。

土地利用情况的二级因素包括:土地利用率、各类型土地占比、人口密度及分布情况、城市用地规划、房地产行业发展水平等。

(6)环卫体系建设

生活垃圾无害化是固体废物全流程管理过程中的末端环节,而垃圾分类作为前端步骤,对末端环节的影响将通过中端的收运链——环卫体系建设情况传导。因此,城市的环卫体系建设情况,也是决定无害化可持续性、适应性及稳定性的重要"后天"因素。

在环卫体系中，对垃圾处理无害化水平产生影响的二级因素包括：垃圾（分类）收运量、收运率、物业管理覆盖率、垃圾中转站数量、垃圾中转站收运半径、分类垃圾车数量、分类垃圾车运输能力占比等。

（7）现有无害化能力

根据中国当前生活垃圾无害化处理要求和无害化处理量判断，绝大多数城市已经具备了相当程度的生活垃圾无害化处理能力。在对城市进行系统性生活垃圾分类方案设计，尤其是涉及无害化的技术路径选择时，应首先考虑尽可能让现有的无害化能力被充分利用，而后对冗余处理需求根据其他上述影响因素选择恰当的处理方式。

现有无害化能力包括的二级因素有：已建总填埋能力、已建剩余填埋能力、填埋场防渗水平；已建总焚烧能力、规划总焚烧能力、已运行焚烧能力、焚烧厂平均日进场量；已建有机垃圾（包括餐厨垃圾、厨余垃圾、菜场垃圾、园林绿化垃圾、畜禽粪污、秸秆、病死畜禽等，下同）集中处理/分散能力、已规划有机垃圾集中/分散处理能力、已运行有机垃圾集中/分散处理能力；其他无害化处理能力等。

3.3.2　资源化影响因素

（1）城市类型

城市类型大多由其先天资源决定，经过长期发展后定型，属于城市的"先天属性"。不同的城市类型决定了其不同的发展路径和资源化途径选择的偏好。

城市类型中的二级因素包括：地理位置、资源稀缺程度等。

（2）经济水平

城市的经济水平是在一定历史阶段内城市经济社会发展程度的数字化体现，短期内一般较为稳定，可视为城市的"先天属性"。经济水平决定了城市在选择资源化路径时对成本的敏感程度以及在选择资源化产品时对产品商业模式的重视程度。

影响城市经济水平的二级因素较多，包括：人口数量、人口密度、GDP、人均可支配收入、消费结构、就业结构、老龄化比例等。

（3）垃圾产生量及组分

生活垃圾的产生量对一个稳定发展中的城市而言相对稳定，其组成结构也与城市长期形成的饮食习惯等密不可分，生活垃圾产生情况作为城市的"先天属性"之一，对其资源化的技术路线、设计规模等方面均有重要影响。例如，以重庆、广东等为代表的南方省市美食种类丰富，生活垃圾中的有机固体废物占比相对较高，在垃圾分类的辅助下，其有机固体废物的资源化价值更大。

影响垃圾产生情况的二级因素包括：人口数量、人均生活垃圾产生量、生活垃圾组分等。

（4）垃圾分类推广水平

与无害化不同的是，生活垃圾的资源化水平与前端垃圾分类水平息息相关。在过去"混收混运"模式下，除焚烧、填埋外，其他更高层级的生物、物理等资源化手段难以实现，大量可回收物、有机垃圾被使用较低层级的资源化路径消纳，或以能源等形式资源化，形成较大的资源浪费。因此，垃圾分类的推广程度对资源化程度将产生较大影响。其中，推广情况具体可分为方案侧和落地侧两类。

在垃圾分类方案层面，可能影响到资源化水平的二级因素包括：选择的分类方式（三分类、四分类、大分流细分类、其他精分法等）、奖惩机制、宣传覆盖率、中小学垃圾分类教育普及程度等。

在垃圾分类落地层面，可能影响到资源化水平的二级因素包括：实际参与率、试点小区覆盖率、平均分类准确率等。

（5）土地利用情况

中国高速城镇化的背后伴随着土地开发速度的大大提升，而城市生活垃圾的处理，不同类型的技术路径对土地的供应要求有较大区别。因此当前的土地利用情况及规划水平，是资源化方案选择的主要"后天"影响因素之一。以有机固体废物资源化为例，其主要产品是适用于农林业的有机肥，因此城市农用地占比及农业发展规划、绿化程度及园林绿化用肥情况等均会对资源化产品的下游通路产生一定影响。

其中二级因素包括：土地利用率、各类型土地占比、人口密度及分布情况、城市用地规划、房地产行业发展水平等。

（6）产业结构

城市的产业结构对生活垃圾资源化的路径选择也提出了一定要求。例如以重工业为主的城市，其产业的能源供给及协同要求更高；以纺织业等轻工业为主的城市，对可再生资源的原料供给需求相对更高；以农业为主的城市，其对肥料的需求催生了有机垃圾堆肥处理的市场，对有机垃圾的资源化产品有较大的需求。在不同的产业结构下，不同类型的垃圾、不同的资源化路径选择将带来不同的生态协同效应。

产业结构的二级因素包括：各产业生产总值占比、主要工业类型、主要农业类型等。

（7）现有资源化能力

整体来看，中国生活垃圾资源化水平不高，但部分城市在布局固体废物处理园区、循环经济产业园、静脉产业园等园区时，已将资源化处理设施的规划布局考虑在内，并且已有不少城市建成投产。因此，在对城市进行系统性生活垃圾分类方案设计，尤其是涉及资源化的技术路径选择时，应首先考虑尽可能让现有及已规划的资源化能力被充分利用，而后对不足的需求根据其他上述影响因素选择恰当的处理方式。

现有资源化能力包括的二级因素有：已建有机垃圾集中资源化处理/分散能力、已规划有机垃圾集中/分散资源化能力、已运行有机垃圾集中/分散资源化处理能力；玻璃、金属、塑料、纸类等可再生资源分拣能力、回收处理能力；油脂类资源化处理能力；其他资源化处理能力等。

3.3.3　社会治理体系现代化影响因素

一个城市或者区域选择哪种垃圾分类模式，需要系统考虑当地已有的社会治理体系，包括体系完善程度、治理层级数量、现有法律法规体系等，进行最优化的匹配。选择的影响因素要有直接相关性，可以清晰地进行衡量和计算。

（1）城市规模

城市是人口聚集生活、生产的地方，包括住宅区、工业区和商业区。按照行政管辖功能划分，包括居民区、街道、医院、学校、公共绿地、写字楼、商业卖场、广场、公园等公共设施。这些设施的数量和分布区域决定了一个城市的发展规模，也会影响垃圾分类的模式选择。

城市规模的二级因素包括：居民区、街道、医院、学校、公共绿地、写字楼、商业卖场、广场、公园等的数量和分布情况（距离等）。

（2）城市管理层级

城市规模是面上的、横向的、基础的影响因素，城市管理层级是点状的、纵向的影响因素。不同的城市管理层级和管理纵深会影响垃圾分类的落地、覆盖面，以及推行力度。反过来，通过推行垃圾分类，能促进城市管理效率的提升。

城市管理层级包括三个方面：一是城市层级。根据《中华人民共和国行政区划简册·2018》中国现有的行政区划——包括省级行政区、地级行政区、县级行政区、乡级行政区。二是创新的行政管理层级。在传统的垂直化的行政管理层级之外，创新和优化城市管理体系和管理架构，提高管理效率，推动权力下沉，比如河长制、湖长制的建立。三是现有的基层社会治理体系。基层社会治理体系具有多元化、复杂化的特点，党委、政府、企业、事业单位、社区、街道、物业、公众等都参与其中，工作内容涉及百姓生活和生产的方方面面，涉及不同主体的相互联动，管理流程也有长有短，各地都在实践和创新，比如构建了自治、法治、德治"三治融合"的枫桥经验。

城市管理层级的二级因素包括：城市的行政区划级别；创新的行政管理模式（如河长制）；基层社会治理体系的完善度、创新度。

（3）法律法规体系

地方法律法规体系的健全程度是依法治国的组成部分，是社会治理体系现代化的重要体现，也是垃圾分类能否顺利开展的法律保障。建立垃圾分类的地方性法律法规，是对现有法律法规体系、对依法治国的完善和补充。包括三个层面：一是立法权和文件效力。立法权，所有设区的市均有地方立法权。文件效力，即由国务院颁布的，属于行政法规；由省级政府和设区的市级政府颁布的，属于地方规章；由县级和乡镇级政府发布的，属于规范性文件。二是现有的法律法规体系。特别是已有的关于生态环境、资源循环利用方面的法律法规，在显示法律法规健全程度的基础上，可以判断城市对生态治理和环境保护的重视程度。三是人大、政协关于垃圾和垃圾分类的议案、提案数量。可以直观显示社会各界对垃圾分类的关心程度，这是垃圾分类相关法律法规出台的群众基础和社会基础。

法律法规体系的二级因素包括：城市的行政级别区划；已有的地方性法律法规（特别是生态环保等涉及垃圾分类的领域）；每年的人大议案、政协提案数量。

（4）社会团体发达程度

社会组织是国家治理体系和治理能力现代化的有机组成部分，是社会治理的重要主体和依托。中国的社会组织分为基金会、民办非企业单位、社会团体三大类，其中社会团体是最广泛的存在，与基层联系最为紧密。社会团体包含工会、妇联、青联、学联、工商联等具有政府背景的机构，以及志愿者协会、行业协会、环保社会组织等民间组织。他们本身都是垃圾分类的重要参与群体，同时在政策理念的宣传、对公众的示范引导等方面，也发挥着重要作用，是对政府管理的有效补充。

社会团体发达程度的二级因素包括：各社会团体的数量、人数；社会团体的发展水平。

3.3.4　时尚化影响因素

根据内在规律的分析，"垃圾分类引领着低碳生活新时尚"首先是价值观的体现，然后是文化习惯的培养，再到付诸行动、产生行为。影响居民价值观、文化习惯养成的因素同样会对垃圾分类行为时尚化产生影响。

（1）人均可支配收入及对收入的分配意愿

时尚化是主动花钱去追求的而不是为了拿钱去做事的一种价值观的体现，驱动人们主动花钱去追求的内在因素是首先得有钱才能更好地分配，因此人均可支配收入作为城市经济水平中的二级因素，对垃圾分类行为时尚化会产生影响。

人均可支配收入是决定人们是否能为垃圾分类支付一定费用的客观条件，最终肯不肯为垃圾分类付费取决于居民的主观意愿，即垃圾分类是社会新时尚的感知与认同，与一个人的价值观有关，需要通过社会调研来了解。

（2）家庭环境

价值观是指个人对客观事物（包括人、物、事）及对自己的行为结果的意义、作用、效果和重要性的总体评价，对什么是好的、是应该的有个总体看法，是推动并指引一个人采取决定和行动的原则、标准，是个性心理结构的核心因素之一。

一个人从小到大价值观的形成，与一个人的家庭环境有关，涉及家庭背景的二级因素包括：家庭成员的人员结构、年龄分布、性别比例、受教育程度等，这些因素也会对居民的垃圾分类行为产生影响。

（3）教育、宣传

教育、宣传可以使垃圾分类融入生活、旅游、工作、购物、学习等人们感知的方方面面，使其成为一种时尚的社会文化。例如开展以生活垃圾分类进校园为主要内容的环境保护和生态文明建设教育实践活动，通过教育一个学生影响一个家庭，继而带动整个社区生活垃圾分类工作的有序推进，使垃圾分类真正成为一种时尚文化。通过开展环保类新闻、垃圾分类意义及常识等方面的宣传活动，形成垃圾分类就是新时尚的舆论氛围，提高居民参与的积极性。

一个城市或地区的教育机构的数量、规模效益、师资水平、教育经费投入、教学硬件设施等因素反映当地的教育发展水平，从而影响垃圾分类时尚化教育的效果。一个城市或地区的媒体数量、形式、分布，例如是以纸媒为主还是网络为主，是现场活动宣传为主还是电视、视频传播为主等因素会影响垃圾分类时尚化宣传、引导的效果。

3.4 本章小结

各城市制定垃圾分类的"一城一策"，需要深刻理解国家推行垃圾分类的初心，从初心出发，并遵循系统最优和匹配最强原则。不同城市的影响因素不同，各影响因素的权重也不同，需要科学合理、系统性地考虑，增强各因素之间的联动性，匹配当地的实际情况，选择适宜的垃圾分类模式，推动垃圾分类的落地。

第 4 章

垃圾分类落地方法论

"道为体，德为用"，任何理论都要去指导实践，并在实践中发展和完善。垃圾分类的实践方法论，基于对国家推行垃圾分类的初心认识、垃圾分类物理规律、社会规律和人心规律的把握，考虑城市"先天属性"和"后天属性"等影响因子，借鉴国外先进经验和国内领先城市的经验教训，通过演绎和归纳，总结出适合国内垃圾分类推进的共性原则、驱动因素、实施步骤，建立方法论模型，从而为开展垃圾分类的地方各级政府和实施主体提供指导和帮助。

4.1 正确认知各级政府在垃圾分类工作中的基本定位

开展垃圾分类，政府是操作主体，按属地原则可划分为五级，每一级都有自己的目标、任务和分工，第一级和第二级属于指导监督型，第三、第四、第五级属于执行型，各级操作主体的定位如下。

4.1.1 中央指导监督型

第一级是中央，代表中央履行职权的主要部门是住建部，配合部门是八个部委：国家发展改革委、教育部、卫健委、中宣部、生态环境部、工信部、商务部、中央军委后勤保障部；3个局：国家机关事务管理局、中共中央直属机关事务管理局、国家中医药管理局。他们的基本职责是指出方向、全局部署、发布政策、确定考核目标，进行过程的督导。属于指导监督型，非实际执行。

例如，住建部在2017年通过国务院办公厅发文，提出到2020年底，基本建立垃圾分类相关法律和标准体系，形成可复制、可推广的生活垃圾分类模式，在实施生活垃圾强制分类的城市，生活垃圾回收资源利用率达到35%以上。

4.1.2　省级指导监督型

第二级是各省、自治区、直辖市人民政府，他们的基本职责是落实中央发布的方针、政策，对辖区内需要开展垃圾分类工作的城市进行再动员、再部署，批准立法，给予指导和监督，与第一级一样属于指导监督型，非执行型，扮演"二传手"的角色。

例如，山西省在 2017 年发布的文件中明确工作目标为：太原市制定出台垃圾强制分类管理办法，率先实行生活垃圾强制分类；其他市、县（市）制订出台生活垃圾分类工作方案，选择一批学校、机关、单位开展垃圾分类试点工作。

4.1.3　城市层面的一级执行操作

第三级是城市，包括直辖市、省会城市、计划单列市等，如首批 46 家垃圾分类试点城市。他们的主要职责是根据中央、省里的要求，发布垃圾分类地方法规，制订实施方案，匹配资金，并在规定的时间内完成任务，属于执行型，一级操作。

例如，太原市在 2017 年发布文件确定的工作目标为：2017 年在公共机构、相关企业和具备条件的小区启动生活垃圾分类；2018 年制定出台《太原市生活垃圾分类管理条例》；2019 年推广试点经验，扩大公共机构和居住区的实施范围；2020 年，全面推开、建立全流程的垃圾分类处理体系。

4.1.4 区（县）层面的二级执行操作

第四级是区（县），他们的基本职责是在市里制订的方案基础之上细化区（县）实施方案，配资金、配资源，并指导监督街道办（乡镇）实施，属于执行型，二级操作，与街道办配合紧密。

4.1.5 街道办层面的三级执行操作

第五级是街道办（政府的派出机构），他们的基本职责是按照区（县）制订的实施方案执行，是最直接的操作主体和落实单位，是抓手，也是最终的责任主体；是执行型，三级操作主体，与二级操作主体荣辱与共。

第五级有一个重要帮手就是社区居委会（自治组织），受街道办领导和指挥，是垃圾分类管理的神经末梢，其基本职责是执行街道办布置的任务，协调物业、业主委员会、第三方、志愿者、居民等参与垃圾分类，并进行相关的宣传培训督导。

理解和弄清楚以上五级政府的垃圾分类工作目标、职责和相互关系，是建立垃圾分类工作方法论的起点。

4.2　垃圾分类实施方法论

遵从垃圾分类工作的本质和规律，按照政府操作主体的定位和分工，结合国内各地垃圾分类的具体实践，找出城市实践垃圾分类的共性规律，尝试建立一套实施方法论，包括垃圾分类的驱动因素、推动机制和实施步骤。一言以蔽之，可以概括为"五元驱动、三级联动、分步实施"。

4.2.1　寻找垃圾分类实施的共性驱动力

各级政府对于如何开展垃圾分类都建立了明确的指导性原则，并列入法律法规和政府文件中，统筹垃圾分类工作应该系统、科学、依法开展，现以山西省和太原市的实践为例对这些共性驱动因素进行分析。

中央层面：2016 年 12 月，习近平总书记在中央财经领导小组第 14 次会议上，提出普遍推行垃圾分类制度，要形成以法治为基础、政府推动、全民参与、城乡统筹、因地制宜的垃圾分类制度，提出指导性的五个原则。

省级层面：以山西省为例，《山西省城市生活垃圾分类管理规定》（征求意见稿）指出，"城市生活垃圾分类管理遵循政府推动、全民参与、市场运作、循序渐进的原则，提高生活垃圾减量化、资源化、无害化处理水平"。文件提出了四个来自地方性法规的原则，再加上本身含有以法制为基础的原则，所以也是五个原则。

市级层面：以太原市为例，《太原市生活垃圾分类管理条例》提出"太原市的生活垃圾分类管理应当遵循减量化、资源化、无害化的原则，实行政府主导、属地管理、市场运作、全民参与、社会监督"。其中，政府主导、属地管理、市场运作、全民参与、社会监督也是五个操作原则。

区（县）层面：以太原市迎泽区为例，迎泽区垃圾分类实施方案中提出"围绕垃圾分类工作目标，结合全国文明城市创建工作，以生活垃圾资源化为核心，减量化、无害化处理为目标，进一步深化宣传教育，增强责任意识，提升文明素质，加强队伍建设，夯实社区基础，强化过程管理，完善工作机制，科学建立'全过程''全链条'生活垃圾分类体系"。对迎泽区实施垃圾分类的原则可以概括为"宣传教育、社区治理、过程管理、工作机制、科学体系"这五个原则。

街道办层面：以太原市迎泽区庙前街道办为例，庙前街道办在垃圾分类实施方案中提出，"深入学习贯彻党的十九大精神，全面落实习近平总书记关于普遍推行垃圾分类制度的重要指示为指导，将生活垃圾分类作为城区环境精细化管理的重要抓手，坚持科学筹划、循序渐进、以点带面，建设以源头分类为基础，全程管控为核心，增强处置为关键的生活垃圾分类处理体系，为全面提升城市环境品质奠定坚实基础"。对庙前街道办垃圾分类的原则可以概括为"科学筹划、循序渐进、以点带面、精细化管理、全程管控"这五个原则。

分析以上各政府层级发布的实施方案文件，目的在于提炼出垃圾分类普遍的、具有共性的操作原则，作为模型构建的关键元素。中央、省、市都有四个原则：法制基础、政府推动、市场化、全民参与，区（县）和街道办层面都有四个原则：过程管理、社区治理、宣传教育、监督。

结合上面的分析和对住建部排名前十的城市垃圾分类的研究，总结出一个城市垃圾分类的五个共性驱动因素：法律制度、宣传培训、产业体系、社区治理、精细化管理。

4.2.2　垃圾分类的五元驱动模型

（1）五元驱动的内涵

1）法律制度驱动。立法和系列制度（包括标准、实施方案、行动计划、奖惩政策等），建立奖惩规矩、明确责任，以便有法可依，对破坏规则者实行惩戒，对积极执行者给予奖励。

2）宣传培训驱动。横向宣传：省、市、区（县）、街道办、社区、小区；纵向宣传：党政机关、企事业单位和公共场所。主要是理念引导，观念变革，营造良好行为产生的氛围，营造垃圾分类时尚化的氛围。

3）产业体系驱动。垃圾分类在投放环节是全民参与，在收集、运输、处理环节是企业行为、产业行为。构建全流程的垃圾分类处理体系是将垃圾分类的社会性和产业性紧密融合，让垃圾分类各环节无缝衔接，保障垃圾无害化、资源化、减量化的系统运行规范、安全、高效。

4）社区治理驱动。垃圾分类是全民参与，其管理的模式就不是单一的政府管理，而是多中心的多元共治，是党建引领、政府推动下，市场力量、社会组织参与（包括环保组织、公益组织、协会商会、青联、妇联、共青团组织等）、公众参与（包括业主委员会、居民、志愿者）的共建共治共享的机制和平台建设，核心是让群众有参与渠道、获取平等的对话机会、参与决策和监督，从而保证公众参与的积极性，是"法制、党治、德治、自治"相结合的社区治理体系。

5）精细化管理驱动。垃圾分类是产业运行和社会治理高度融合的领域，系统庞大、复杂程度高、数据量大，需要建立精细化的管理制度，运用精细化的管理工具，通过"人管＋机管"方式，实现垃圾分类体系稳定、有序、高效的运行，从而推动城市治理体系和治理能力的现代化。

（2）每个驱动因素都是一个小系统

1）法律制度。普遍推行垃圾分类制度，是一个约束人、改变人的长期坚持的管理行为，没有一套从顶层设计到执行规范的制度性安排就很难长久。在依法治国下推行垃圾分类的法律制度分为三个层次。

①法律：《中华人民共和国环境保护法》《中华人民共和国循环经济促进法》《中华人民共和国固体废物污染环境防治法》。

②法规：在法律框架下制定的规范性文件，包括国家层面法规和地方法规。

国务院制定的法规：国务院发布的《城市市容和环境卫生管理条例》、国务院办公厅发布的《关于生活垃圾分类制度实施方案的通知》。

地方法规：《太原市垃圾分类管理条例》（由山西省人大批准）。

③政策：《太原市 2020 年垃圾分类行动方案》《太原市城镇垃圾分类标准》《太原市垃圾分类考核管理办法》等。

一般来讲：开展垃圾分类的城市都会构建一套"1+X"的法规政策体系，作为开展垃圾分类的制度保障和行为指南（图 4.2.1）。"1"是指城市垃圾分类管理条例，"X"是指与其配套的政策制度，包括标准、指南、实施方案、考核办法、奖励办法等。配套的制度越规范完整、操作性越强，越有利于垃圾分类的工作开展。

图 4.2.1　开展垃圾分类"1+X"的法规政策体系

以宁波为例：

1 是：《宁波市生活垃圾分类管理条例》；

X 是：《关于宁波市餐饮行业限制一次性餐具使用的实施意见》《关于宁波市酒店（宾馆）行业限制一次性消费品使用的实施意见》《宁波市生活垃圾分类投放指南》《宁波市居住小区生活垃圾定时定点分类投放导则（试行）》《宁波市家用分类垃圾桶技术规范（征求意见稿）》《宁波市家用分类垃圾袋技术规范（征求意见稿）》。

"1+X"的执行机制：先立法，再出标准。执法要先立法，才能名正言顺，再通过出标准形成执法准绳。执法是为了立威，让违法行为回到正确的路上来。建立垃圾分类的法律法规机制是为了确保多元共治的顺利推行，执法的原则是先宽后严，先教育后执法。政策刚出来，大家还不适应，允许有过渡期，有提高认识的时间，逐步加严。对于违规者，先批评教育，然后对其严格执法。

2）宣传培训。垃圾分类是新时尚，是新习惯，是新的行为模式。从行为心理学来讲，改变一个人的行为首先要改变其价值观，价值观形成态度，态度决定意愿，意愿激发行为。影响意愿和行为有两个变量：一是主观规范，即人都有从众心理，只要营造出全场景的氛围，单体会调整他的意愿和行为。就像新型冠状肺炎疫情期间，人人都要戴口罩，不戴口罩就成了异类，从而强化对该行为模式的认同感。二是感知控制，即感知的难易程度，如果人们可以随时随地获得垃圾分类的知识和分类投放指导（督导员的作用），认为此事不难，则参与率会提高。根据行为心理学这一理论，垃圾分类的宣传引导要形成系统，如表 4.2.1、图 4.2.2 所示。

表 4.2.1　垃圾分类宣传引导系统

宣传发动	宣传场景	使用工具	实现目标
面（市级、区级领导发动）	物理空间：大小街道、小区公共空间、公园、车站、机场、商场超市、医院、文化娱乐等公共场所	条幅、楼宇户外广告牌、宣传单页、电子屏、广播等	形成声势，营造氛围
	虚拟空间：省（自治区、直辖市）及自媒体微信公众号、小程序、电商平台、搜索引擎等	公益广告片、微课程、指南、分类资讯推送等	形成声势，营造氛围，影响价值观和态度
线（主管部门发动）	行业：管行业就要管垃圾分类，由行业主管部门对本级和本系统开展垃圾分类宣传引导，党政机关和学校幼儿园是最重要的一条线，以单位为核心开展，是熟人社会	线上线下学习文件（学习强国 App 应列为重要的线上学习工具）、培训会、参加主题活动、垃圾分类志愿者活动	强制植入式宣传，以单位的身份获得垃圾分类详细知识，改变价值观和态度

宣传发动	宣传场景	使用工具	实现目标
点（街道办、社区、专业公司、物业公司、党建发动）	入户宣传督导：事前入户宣传，事后入户督导	指南单页或手册、二维码小程序、讲解	一对一的宣传指导，让居民对其有了解，降低对垃圾分类的认知难度和操作难度
	桶边督导：现场指导，用行为改变观念	指南单页、现场指导、执法人员	
	定点活动：社区、物业、党建小组在小区内组织的垃圾分类培训活动	小范围的主题活动：小制作、小游戏、循环利用的跳蚤市场	

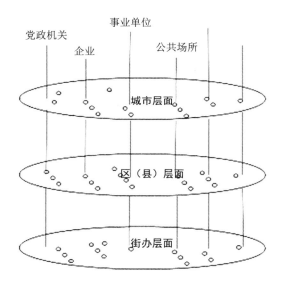

图 4.2.2　垃圾分类的宣传培训体系

　　宣传培训的执行机制：垃圾分类工作涉及的主体多、层级多，既要打攻坚战，也要打持久战，所以需要形成多级联动机制，即树权理论。如图 4.2.3 所示，对于一个城市而言，书记和市长是树干；第一级树权是各区（县）的书记、区长和各行业主管部门负责人；第二级树权是街道办书记、主任和社区书记、主任；第三级树权是业委会、物业公司、第三方专业公司的负责人和党员；第四级树权是"楼长"、"桶长"和志愿者；第五级树权是居民；第六级树权是居民家庭成员之间互相宣传。树干为第一级的树权宣传培训，并调动市级宣传培训资源做好"面"上的宣传；第一级的树权为第二级树权宣传培训；第二级向第三级传递，以此类推。每两级之间要建立双向监督机制，做到环环相扣，树干与第一级、第一级与第二级，以此类推每季度、每月、每周开协调会和推进会，检查执行情况。

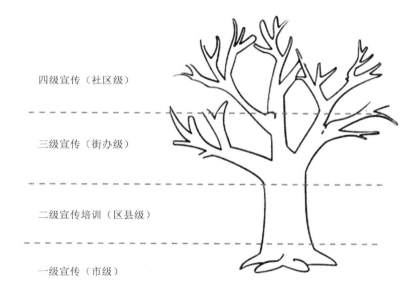

四级宣传（社区级）

三级宣传（街办级）

二级宣传培训（区县级）

一级宣传（市级）

图4.2.3　垃圾分类宣传培训执行树

3）产业体系。在没有进行垃圾分类之前，垃圾的产业化内容基本就是清运和处理，其中可回收物中的高值部分被废品回收公司和个人按市场化原则进入循环产业链条。垃圾分类后形成 4~9 类垃圾（有害垃圾、可回收物、家庭厨余垃圾、餐厨垃圾、其他厨余垃圾、其他垃圾、大件垃圾、装修垃圾、园林垃圾等），都需要分类收集、运输和处理，配套的收集设施、中转设施、运输设施、末端处理设施都要增加，导致产业主体增加，管理条线增加，产业各环节和各品种之间的衔接增多，监管的难度加大，这就需要建立一个既相互独立又相互协同、注重效率的产业支撑系统。

产业协同有三个原则。①独立原则：各类垃圾的投放—收集—运输—处理环节保持独立运作，紧密衔接；②监督原则：在分类投放、分类收集、分类运输、分类处理环节建立双向监督机制，不发生混装混运和混合处理；③共享原则：每一类垃圾在收集、转运、处理环节进行共享，归集站、中转站共享物理空间，处理厂共享处理设施，形成垃圾静脉产业园，实现物质、能源的循环利用，提高产业运作效率。按这三个原则做好产业系统规划，为垃圾分类提供坚实的产业支撑（图 4.2.4）。

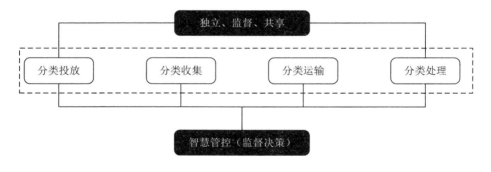

图 4.2.4　垃圾分类产业支撑

4）社区治理

①参与垃圾分类的基层社区治理主体和角色扮演

参与垃圾分类的基层社区治理主体有五个，每个主体的特点和角色不同。

A．党委力量。以党工委、党支部为主，他们是党在基层的核心力量，威信高、组织严密、资源调动能力强，在垃圾分类工作中扮演引领者的角色，在组织党员、社会力量、发动群众、开展宣传、培训和监督方面发挥表率作用。

B．政府力量。主要指街道办政府和社区居委会（半官方性质），他们有财权、事权，调动相关资源的能力强，熟悉基层工作。在垃圾分类工作中要发挥引导和兜底作用，扮演掌舵的角色，制定规则、奖惩政策和实施方案，建立监督考核体系，成立指挥协调工作组，组织宣传、培训、协调相关收运资源、保障资金供给、对违规者进行执法。

C．市场力量。主要指受政府委托提供垃圾分类日常运营的专业第三方公司和受业主委员会聘请的物业公司，他们的特点是专业的服务机构，人员、设备和专业服务有保障。在垃圾分类工作中适合提供宣传、培训、日常运营、指导监督的服务，是垃圾分类工作中的常态力量。

D．社会力量。主要是指主动或受邀参与垃圾分类的社会组织包括青联、妇联、共青团、各类志愿者组织、环保组织、公益组织、行业协会商会等。他们的特点是工作热情高、有公益精神、调动社会资源能力强、组织活动的能力强，部分与环保相关的组织专业性好，但资金缺乏、固定人员少、志愿者多。在垃圾分类工作中适合做调研、宣传、培训和信息反馈工作，可以参与决策活动。政府部门或第三方应该在资金上给予一定的支持。

E．公众力量。社区居住的居民是垃圾分类参与最主要的人群，松散、数量庞大、没有组织、价值观和个体素质差异大。如何把他们组织起来参与社区治理是做好垃圾分类工作的关键，可通过帮助他们建立组织、给予激励机制、组织培训提高认知、给予话语权和监督权，让他们感受到受尊重、有主人翁感、幸福感和获得感，这样能激发他们参与社区治理的责任感、荣誉感、使命感，实现自我管理、自我教育、自我服务的能力。

②垃圾分类社区治理的运营机制

分析了上述五种主体的特点，要打造垃圾分类共建共治共享的基层社区治理体系，关键是建立企业、社会组织和公众参与社区治理的制度化渠道，设计好多级、多方联动的驱动机制，保证垃圾分类各参与方由被动参与到主动参与，激发各方的责任感、荣誉感、使命感。我们认为要建立如下机制：

A．建立共治组织（解决参与感问题）

建立街道办、社区、小区层面三级联动的共治组织，创造市场、社会、公众参与的制度化渠道。具体如下：

a．街道办层面。成立垃圾分类领导小组，小组成员有街道办主任、党建工委领导、第三方、社会组织、规模较大的业委会主任和热心居民志愿者（"楼长""单元长"等）。在决策阶段，让市场和社会力量，特别是业委会主任和热心居民参与制订街道办的垃圾分类推进实施方案，吸取他们有建设性的意见并采纳，让他们感觉受到尊重；在行动阶段，成立专业小组，如指导协调组、宣传动员组、工作督导组、后勤保障组，让他们成为其中一员，全过程参与垃圾分类工作。

b．社区层面。社区是垃圾分类工作的执行层，受街道办领导，社区可仿照街道办成立垃圾分类工作小组，小组成员包括社区主任、党群服务中心主任、物业公司、第三方、社会组织、业委会主任、热心志愿者居民（"楼长""单元长"等），并分成宣传组、督导组等专项小组，将公众力量编入其中，参与全过程管理。

c. 小区层面。是垃圾分类的主战场和神经末梢，可在社区的指导下，成立以"楼长"、"单元长"、志愿者、物业保洁员和第三方督导员为核心的自治组织，"楼长"可由大家推荐，"单元长"可由本单元居民轮流担任，志愿者为本楼的热心居民。小区层面的自治组织由于是熟人社会，"楼长"和"单元长"有一定的声望，在入户宣传、桶边督导方面的沟通协调能力强，容易让居民取得一致的态度和行为。

以上三层组织每一层都要建立例会制度，每月每周调度，建立微信工作群，及时沟通开展工作；三层之间每个月或半个月要召开联席会议，沟通进展情况，及时解决出现的问题，不断总结经验和方法，提高治理水平。

B．建立树权型的宣传培训体系（提高知识获得感）

从心理学来讲，要改变人的行为模式首先要改变其理念、价值观，获得能发生该行为的知识和能力。有参与渠道，但是没有参与能力，等于个人在银行有账户但钱不够，没法发挥力量。垃圾分类是个系统工程，不仅要有热情，还要讲科学和专业，让垃圾分类的参与者，特别是参与到街道办、社区、小区垃圾分类自治组织的公众获得相关的知识和方法很关键。所以要建立街道办—社区—小区的宣传培训体系，通过层级传递、同级互动和"请进来、走出去"体验型的培训体系，每月、每周组织形式多样的长短宣传培训，不断提高参与主体对垃圾分类的认知和实践操作水平，增强公众参与垃圾分类的获得感。

C．通过智慧化管控系统满足公众的知情权（提高信息获得感）

垃圾分类既然是关系广大人民群众生活环境、关系节约使用资源，也是社会文明水平的一个重要体现，那么社区的公众就应该知道，垃圾去哪里了？垃圾对我们的环境改善如何？垃圾的资源利用怎样？哪些人在参与垃圾分类？垃圾分类的效果如何？给公众的知情权，也是推动垃圾分类的重要机制。传统的管理特征是，管理者信息量足、质量高，被管理者的信息量小，质量不高。信息不对称，压制了公众参与垃圾分类的积极性。

2020年初发生的新型冠状病毒肺炎疫情，是公众获得知情权，积极参与疫情防控的经典案例。在疫情信息不公开、小道消息乱飞的情况下，疫情规模迅速扩大，社会恐慌情绪蔓延。当官方渠道疫情发布信息公开化以后，人们的情绪开始稳定，正能量激发出来，公众通过网络渠道发声，一是讴歌为疫情奉献牺牲的医护人员、环卫人员，为疫区筹集防护资源；二是监督政府官员及其相关机构的不作为、慢作为，帮助政府纠偏，完善国家的治理结构；三是主动在亲朋好友、左邻右舍中传播防疫知识和正能量，净化社会。百姓对国家、对民族的责任感、使命感和荣誉感被充分调动起来，党领导人民最终打赢了这场防疫战。在这里信息透明化和公众知情权发挥了极其重要的作用。

垃圾分类是全民运动，是社会治理，一样需要满足公众的知情权，让大家在信息透明的情况下，主动参与、相互教育监督、帮助政府出谋划策、替政府分忧。因此应建立垃圾分类智慧化管理工具，让参与垃圾分类的主体都成为"线上人"，对他们在垃圾分类工作中所扮演的角色和行为进行准确记录、溯源和管理，为垃圾分类的各级管理者提供管理工具，随时掌握各级垃圾分类工作的进度，及时发现与解决问题；为社区组织、居民提供垃圾分类投放、收集、运输和处理的过程信息，并提供垃圾分类知识学习、线上发声和监督举报的渠道。

以上三种机制，概括起来就是"建组织、抓培训、通信息"，通过建立社会、公众参与垃圾分类的制度化渠道，增强参与感和获得感，推动垃圾分类的社区治理体系和能力的现代化（图 4.2.5 ）。

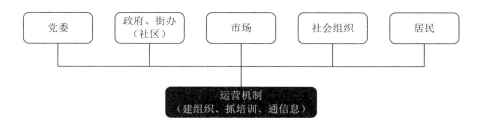

图 4.2.5 垃圾分类运营机制

5）精细化管理

一个城市的垃圾分类是个复杂的相互联动的大系统，参与的主体多（涉及党委、政府、企业、社会组织、公众），参与的层级多（中央、省、市、区（县）、街道办、社区、小区等），管理的流程长（涉及生产、流通、消费、投放、收集、运输、处理），涉及的数据多（物流、能源流数据、参与主体的行为数据、对环境的污染排放数据）。面对这么多影响效率和管理的因子，如果不建立一套智慧化管控系统，就可能出现决策不科学、决策缓慢，监管失灵、监管低效的结果，可能会偏离我们的初心和目标。

如果以城市为单位，涉及的数据结构有：

A．主体行为圈（五个）：党委、政府、企业、社会组织、公众；

B．管理层级圈（五个）：市、区（县）、街道办、社区、小区；

C．制造处理流程圈（七个）：生产、流通、消费、投放、收集、运输、处理。

通过智慧化管控系统，对贯穿于五个主体、五个层级、七个流程的物质流、能源流数据，主体人员的行为数据，对环境影响的污染排放数据进行采集、分析，在决策阶段选择经济、环境、技术、社会公众支持度高、匹配性好的垃圾分类模式，在实施运营阶段帮助管理者建立数据反馈及时、运行稳定规范、及时发现问题解决问题、预测趋势并及时匹配高性价比的解决方案，同时支撑监管和考核。

上述"五元驱动"描述的是推动一个城市垃圾分类的五种驱动力是什么、每一种驱动力的小系统如何运行，以及五种驱动力之间的运行关系。如何让这五种驱动力有效发动运转起来，还需要建立一套能稳定运行的推动机制并确保按正确的实施步骤操作。

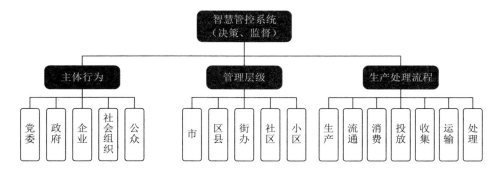

图 4.2.6　垃圾分类智慧管控系统

4.2.3　垃圾分类的推动机制

上面分析了垃圾分类的"五元驱动"因素，这些驱动因素需要发生关系，互相驱动，就像中医讲的金木水火土如何驱动人体五脏六腑的运行一样。简单来说，要通过横向多级联动和纵向多级联动将"五元驱动"的"任脉"和"督脉"打通，实现动脉和静脉的正常流动。我们称之为"矩阵联动"。

（1）横向三级联动

以属地原则进行的多级联动称为横向多级联动。如果从中央算起，垃圾分类涉及八个层级：中央、省、市、区（县）、街道办、社区、小区、家庭、中央和省是指导层级的，从市开始是操作层级的，具体到一个城市来讲只有六级：市、区（县）、街道办、社区、小区、家庭。

垃圾分类在制度安排上是一个从上至下的信息传递，从中央逐级传导到家庭，在管理上又需要从下往上的信息反馈传递。在实际操作中，要建立四组三级反馈联动机制（图4.2.7），第一组：市、区（县）、街道办；第二组：区（县）、街道办、社区；第三组：街道办、社区、小区；第四组：社区、小区、家庭（热心居民）。每一组都有三级，三级联动的线下模式是联席会议，线上模式是共享数据分析。第一组的联席会议每月举行，第二组的联席会议每半个月举行，第三组和第四组的联席会议每周举行，通过联席会议分析数据、协调解决问题，实现系统的正向反馈。

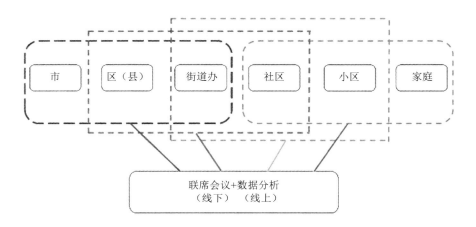

图4.2.7　垃圾分类横向四组三级联动

（2）纵向三级联动

　　以行业管理为特征的纵向联动，称为流程三级联动。垃圾分类是个物质流动的过程，管理的流程长，涉及生产、流通、消费、投放、收集、运输、处理等多个环节，每一个环节都涉及不同的行业主管部门。如图 4.2.8 所示，按大流程归类，可以分为三个环节：①生产环节：涉及工信部、农业农村部；②流通、消费环节：涉及商务部、交通部；③投放、收集、运输、处理环节：涉及住建部、商务部、卫健委等部门。垃圾分类的物理本质是实现垃圾的减量化、资源化和无害化，减量化主要包括源头减量（清洁生产和精益生产）、过程减量（减少流通和消费过程中的包装、控制消费和浪费）、末端减量（以焚烧和生化处理为主要工艺，实现垃圾向能源和肥料、油脂、碳源转化，减少最终的填埋量）；资源化是在分类收集和处理的过程中，通过 Reuse 延长寿命和 Recycle 将高值、低值的可回收物进行再生利用，在经济投入成本可控的前提下，实现最大化的资源利用；无害化是指在分类投放、收集、运输、处理四个环节不发生混投、混收、混运、混处，按标准规范执行，从而使垃圾对环境的污染达到最小化或"零污染"。所以垃圾分类的源头、过程和末端处理环节的管理部门要充分联动，每季度、每个月召开联席会议，分析相关数据，协调会商基于垃圾流程管理关键事项，建立发现问题、解决问题的衔接、响应机制。

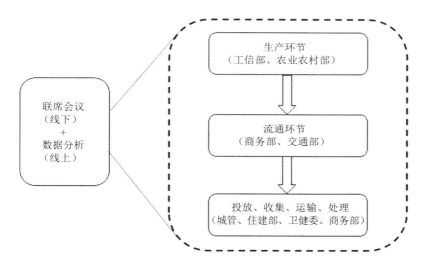

图 4.2.8　垃圾分类纵向三级联动

4.2.4　垃圾分类的分步实施

掌握了城市垃圾分类的驱动力模型和推动机制，在操作中步骤还需得当，才能取得预期的成效，城市的垃圾分类可以按照以下八步法来操作：

第一步：设定适当目标

一个城市的垃圾分类应该以国家要求为指南，以目标为导向，因为每个城市的天文地理、饮食习俗、经济发展阶段、环境容量、城市治理基础、居民文明程度不同，所以能够达到的目标会不同，不能"一刀切"，需要"一城一策"，设定符合城市特点和城市能力的目标非常重要。根据第 3 章目标设定影响因数和系统匹配性的原则，一定要为城市制定一个可实现的合理目标。

比如太原市就是根据城市的先天属性和后天属性进行匹配，提出了自己的垃圾分类目标：以全程减量为基础，以焚烧发电为核心，以厨余垃圾"精分"和协同处理为关键路径，以可回收物"小循环"和规范管理为资源回收重点方向的垃圾分类投放、分类收集、分类运输、分类处理的体系。

（1）全程减量为基础

垃圾分类的减量分为源头减量、结构减量和末端减量。结构减量就是把厨余垃圾、有害垃圾、可回收物分出来单独处理，不进入填埋场和焚烧厂；末端减量就是通过焚烧减少垃圾的物理体积；源头减量就是在"3R"原则下，通过建立涵盖生产（精益生产）、流通（减少包装）、消费（少用塑料袋、光盘行动、无纸化办公等）等领域的生活垃圾源头减量工作机制，引导、鼓励单位和个人在生产生活中减少生活垃圾的产生，同时通过末端再生资源利用系统，让生活垃圾最大化（低值可回收物利用、精细化利用）被再利用。

（2）以焚烧处理为核心

填埋不仅占用土地资源，而且还会对土壤、大气和水资源形成长期的污染威胁；焚烧发电可以实现最大化的物理减量，减少土地资源占用，并将垃圾变成能源利用，是世界及中国主要的垃圾处理模式。太原目前已建成和规划的垃圾焚烧能力是 6 100 吨/日，除古交、娄烦县以外，太原市逐渐实现原生垃圾"零填埋"。

（3）厨余垃圾"精分"和协同处理

经过入户调研，太原的家庭厨余垃圾量占生活垃圾总量的60%，如果都分出来，一是处理成本高昂，而且部分终端产物（沼渣、沼液等）很难处理；二是对现有焚烧产能造成冲击，没有厨余垃圾的垃圾进行焚烧的话由于热值高，需要对焚烧炉进行改造，费用代价大，不经济，不可持续。如果精分，只将家庭厨余垃圾中的废弃油脂、剩菜剩饭（占生活垃圾14%的量）分出来，这样全市只需要建设一个300吨/日的家庭厨余垃圾处理厂就可以全量处理。由于精分后家庭厨余垃圾与现在的餐厨垃圾组分基本一致，目前分离出来的家庭厨余垃圾可以与餐厨垃圾协同处理，经济、社会、生态效益明显。

（4）可回收物"小循环"和规范管理

所谓可回收物小循环是指可回收物（衣物、书籍、玩具等）允许居住区居民自由取用，重复使用（Reuse原则），增加可回收物的生命周期，实现循环利用，减少收运、处理体系的成本。所谓规范管理是指对可回收物进行集约化、信息化和兜底管理，即升级可回收物的收运体系，扶持有规模、现代化物资回收龙头企业，建立可回收物从投放、收集、分拣、运输和处理的全程跟踪系统，对低值可回收物进行兜底处理（以往的废品回收只要高值废弃物，低值的织物、碎玻璃等无人管理），最大化保证可回收物的循环利用和再生利用。

从目前垃圾分类试点的城市看，处于"摸着石头过河"的探索阶段，所以目标比较模糊，46个试点城市近3年的摸索，经验、教训都有。住建部 2019 年发出通知，要求自 2019 年起在全国地级及以上城市全面启动生活垃圾分类工作，后续开展的城市应该在理论指导下，依靠科学评价模型，因地制宜制定城市垃圾分类的工作目标，建立适合城市发展特点的垃圾分类模式。

第二步：建立法律制度

根据设定的目标，出台相关的《垃圾分类管理条例》及其配套政策，作为法律制度保障。前文已有详细分析，这里不再赘述。

第三步：试点形成模式

垃圾分类在大规模实施开始前，需要先试点，试点的原则是"小区类型全覆盖：公房小区、商品房小区、别墅小区、外销房小区以及部队小区五种类型；单位类型全覆盖：党政机关、企业、事业（学校、医院）和公共场所（车站、码头、体育场馆等）四种类型；规模类型全覆盖：小区、社区、街道办三种规模类型"。通过这三类试点，可以基本遇到垃圾分类所有的问题：公众参与、收运体系建设、组织管理、宣传培训督导等方面，及时总结经验教训，形成可推广的小区模式、社区模式、整街办模式，进而上升为区（县）和城市模式。上海、广州、宁波等都是这样推进的。

第四步：建立处理和管理体系

试点阶段的垃圾分类规模小，垃圾量小，容易开展，对体系的要求不高。一旦大规模展开，对垃圾收运和处理的体系要求就非常高。所以要在垃圾分类大规模展开前，建立各类垃圾的投放、收运、处理体系和管理体系。垃圾分类的全流程处理体系至少应该包括有害垃圾、可回收物、其他垃圾、厨余垃圾、大件垃圾、装修垃圾处理体系，特别是厨余垃圾尤为重要，厨余垃圾占生活垃圾的 50%～60%，并且每天都要产生，而且易腐发臭不能存放，量大后如不能及时处理，会造成严重污染。比如上海在2019年7月1日后，分出的厨余垃圾达到9 000吨/天，但当时的处理能力只有5 000吨左右，因此只能采取变通方法处理。除了物理处理系统以外，还需建立一个线上的智慧化管控系统，作为对垃圾分类物质流管理、各级执行人行为管理以及与社会组织和公众进行互动的管理平台。如苏州和太原的环卫、垃圾分类智慧管控平台。

第五步：全面宣传培训

试点和体系基本建成后，就可以大面积展开宣传培训。此时需要全面宣传，改变理念，让垃圾分类成为新时尚，引导环保、低碳生活方式，制造从众态势，需要点、线、面的宣传，形成声势和氛围。如何开展宣传在前面"五元驱动"中已有论述。

第六步：整建制全面推进

全面宣传与全面推进是前后脚，也可以同步展开。全面推进的抓手在街道办，垃圾分类的"五元驱动"和机制运转在街道办这个单元能够形成一个完整闭环，前面所讲试点中形成的街办模式，就是整个城市垃圾分类规模化展开的基本样式。所以在垃圾分类全面展开的形势下，要以街道办为单位整建制推进，全国排名前十的城市基本如此。

第七步：评优创优树典型

垃圾分类全面推开后，可采用2∶8原则，先进带落后。开展鼓励型考核，树立示范达标典型。具体做法：建立街道办示范和达标标准，让各区（县）自主申报，市里审核，符合条件的可以挂牌。以此激发大家比学赶优，争创示范。

第八步：全面考核排名

没有压力就没有动力，人的思维定式是趋利避害，避害占70%，趋利占 30%，"我不做这件事就会对我有害"，这个驱动力最大。所以在开展评优创优后，要进行全面的考核排名，对区（县）和街道办每季度考核，每季度排名，排名等级高的奖励，排名等级低的批评问责。具体做法是制定科学、可量化的考核排名标准，委托第三方对全市的街道办垃圾分类成效进行考核打分，排名成绩每季度在政府媒体上公布。比如上海在 2019 年做了两次街道办排名，将街道办成绩分为优、良、中、差四个等级，4—6 月份排名，优 29 个，良 44 个，中 79 个，差 68 个，优良占比为 33%；7—9 月份排名，优良占到 90% 以上，通过排名极大加速了垃圾分类的成效。不过这种排名要避免政治化、运动化，在起步阶段适当使用可以，核心还是要完善体系，形成长效机制，让居民养成习惯。

以上从驱动力模型到推动机制到实施步骤，如图 4.2.9 所示。

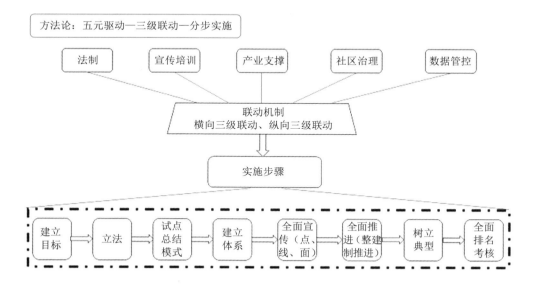

图 4.2.9　垃圾分类方法论示意

4.3 垃圾分类方法论在不同层级的运用

上节所述的"五元驱动、三级联动和分步实施"的方法论主要是为城市垃圾分类主管和牵头部门提供的操作方法，对于区（县）、街道办（社区）层级、机关企事业单位的操作主体在实际运用中会有所不同。

4.3.1 区（县）层级

区（县）属于垃圾分类工作的执行层，有独立的财权和事权，有一个完整的环卫系统，从人员上、技术上、资金上、管理上、执法上都能够支撑垃圾分类体系的运作。区（县）在市级制定的法律制度框架下，就可以制定本区域的垃圾分类实施方案并开始执行。根据区（县）特点，"五元驱动"可以是"宣传培训、督导考核、收运处理体系、智慧管控、适度执法"的五位一体，推动机制、实施步骤与市级基本相同。

4.3.2 街道办社区

街道办是垃圾分类的执行主体，是社区治理的重要平台，有事权、有人员、有党支部、有资金，但环卫系统和执法需要依靠区里资源。根据街道办特点，它的"五元驱动"系统比城市和区（县）更有特点，可以是"党建引领、宣传培训、硬件配置、共治平台、多维督导、数据监管"的六位一体。实施步骤是"①统一认识，设定目标；②成立机构，明确分工；③调研摸排，制订方案；④部署动员，达成共识；⑤硬件配置，完善体系；⑥宣传发动，培训到位；⑦循序渐进，补齐短板；⑧考核迎检、争优创优"的八步法。

4.3.3　机关、企事业单位

　　机关、企事业单位主要是指党政机关、学校等，这类主体内部结构简单，主要是单位内的干部职工或老师、学生，属于熟人社会，内部有完善的管理系统，与外部连接少，开展垃圾分类相对简单。党政机关垃圾分类的驱动模型在这里的运用可以简化为"三元驱动"：党建引领、宣传培训、监督考核；实施步骤是"定目标、立机构、配设施、抓培训、严考核"的五步法。中小学的驱动机制模型是"教师带动、教学拉动、活动推动、评优催动"的"四元驱动"；推动机制是学校、年级、班级三级联动；实施步骤是"定目标、立机构、配设施、强宣传、评优创优"的五步法。

4.4　本章小结

　　中央和省级政府在垃圾分类工作中的定位是指导监督，城市、区（县）、街道办是垃圾分类方案落地执行的操作主体。本章通过演绎和归纳总结出了适合各层级操作主体的垃圾分类方案落地方法论，市级层面是"五元驱动、三级联动、分步实施"，区（县）、街道办、机关、企事业单位根据自身特点在实际操作中对方法论进行灵活调整和运用。本章在前 3 章的理论研究基础上结合太原的实践，形成的垃圾分类落地方法论可以为开展垃圾分类的地方各级政府和实施主体提供参考和借鉴。

第 5 章

垃圾分类落地支撑体系

搭建系统最优和匹配最强的垃圾分类体系，除了"五元驱动"的垃圾分类落地方法论的主体结构外，也离不开辅助垃圾分类"一城一策"方案落地的支撑体系。"主体结构"和"支撑体系"相辅相成，前者回答了"垃圾分类体系的建立由谁驱动"的问题，后者则回答了"垃圾分类体系的运转与谁有关"的问题。建立一个系统最优、匹配最佳的体系，除了垃圾分类主体设计中的要素外，虽不是"主角"但与体系效益表现密切相关的支撑体系可以辅助垃圾分类理论工具箱的落地运转更加高效、更加稳定、更加可持续。

5.1　垃圾分类的政策支撑

　　中国早期垃圾分类的"雏形"是以"勤俭节约"为内核，以资源回收利用为本质的供销社回收及拾荒人群等市场主导型行为，严格意义上属于经济利益驱动下的资源回收，与我们现在讨论的生态学意义下的垃圾分类概念有明显的区别。中国垃圾分类的实质性萌芽，是在政策环境初具雏形后真正开始的。与一般的被动型环境问题不同，垃圾分类是中国社会从集约的工业文明向生态文明新时代迈进过程中产生的新要求，其发展过程以政策主动推动居多，因此无论是垃圾分类系统解决方案的参与主体，还是助力方案设计系统性与匹配性最佳的支撑结构，其政策要素均为体系建设的"原动力泵"。可以说，垃圾分类是生态文明要求下的必然路径，而多重政策环境则是推动路径实现的"最初动力"。

　　1992 年国务院颁布的《城市市容和环境卫生管理条例》要求"对城市生活废弃物应当逐步做到分类收集、运输和处理"，是有关生活垃圾分类处理的政策雏形。此后，中国陆续在一系列固体废物及城市环境卫生相关的法律法规中对垃圾分类提出了直接要求（见 2.1.2 节），其政策颁布和落地的主体单位大多以住建部门管辖范围内的城管及环卫相关单位为主。然而需要注意的是，垃圾分类系统建设在实际落地过程中，也离不开生态环境、农业农村、工业及公安等相关部门间接的政策环境支持。

5.1.1 生态环境保障体系支撑无害化水平趋稳

　　垃圾分类的初心是层层递进的。最浅层次的初心，是通过垃圾分类提高垃圾无害化水平。生活垃圾的无害化，最初是通过建立健全收集清运体系将"围城"的垃圾进行转移，解决的是城市化发展过程中产生的大量垃圾面临的时空问题。而后随着无害化技术路线的提升，出现了其他环境代价较低的无害化方式。作为垃圾分类最基本的初心与目的，首先应当保障无害化率，使无害化更加真实、更加充分、更加稳定，增加无害化的可持续性、适应性，让人民放心。

　　对于无害化而言，其处理技术路线往往相对简单直接，以"转移""填埋""混烧"等方式将当下的生活垃圾简单处理，虽然在数值上实现了"无害化"要求，但是在长期来看，其污染通过相变转化为大气、水体、土壤等污染滞后发生，仍然会对人民利益产生损坏。因此，从无害化的角度出发，涉及非固体废物板块的生态环境领域的法律法规体系建设需与各类无害化要求下的垃圾分类处理无害化要求相衔接，以实现城市生活垃圾分类后对无害化稳定性的保障和提升。

5.1.2 农业、工业等产业政策打通资源化产业链

　　在无害化基础上进一步升级，资源化成为垃圾分类处理的更高阶初心。资源化是指通过垃圾分类系统体系的运转，选择"物理""生物""化学"等不同手段对分类后的垃圾进行处理，得到"平级"或"降级"的产品或能源，使垃圾中可回收的物质或能源尽可能得到一定程度的有效

利用，减少资源浪费。2013 年 7 月，习近平总书记在湖北考察时说："垃圾是放错位置的资源，把垃圾资源化，化腐朽为神奇，是一门艺术。"垃圾资源化初心的目标是提高资源化的层级，在吃干榨净、变废为宝的过程中尽量低碳，少浪费资源和能源。

垃圾资源化的产品消纳途径多数并不直接由生活垃圾主管部门负责，而是涉及"环保+农业"、工业等多重复合产业链。例如，有机垃圾资源化堆肥后产生的有机肥在向农业端应用时，需要农业农村相关部门出台相应的农用许可以打通销售渠道；部分好氧发酵的资源化产品经过加工后形成土壤改良剂，对土地营养状况加以提升后，在相关政策支持下可以延伸发展生态农业旅游业。又如，可回收物在末端经过资源化利用后产生的原材料多数用于造纸、玻璃制品、塑料制造等工业产业中，这种原料供需衔接需要工信部等相关主管部门的政策加以支持。

5.1.3　公安部门法治政策护航社会治理结构优化

垃圾分类是生态文明新时代下中国特色治理结构向基层落地的试金石。从社会治理结构的角度分析，垃圾分类属于社会管理的范畴，而管理必须依法，需要主管生活垃圾的城管、环卫等多个部门统筹配合，也需要公安等部门在相关法治体系建设中纳入垃圾分类相关执法工作，为社会治理结构的优化护航。

5.2　垃圾分类的产业支撑

产业是城市可持续发展的核心，也是垃圾分类进阶到资源化、社会治理结构优化乃至时尚化目标后，体系持续运转离不开的支撑力量。除生活垃圾全流程的直接相关产业外，生态农业、纺织、制造等轻工业与资源化下游相关产业密切联系，智慧化产业可与垃圾分类流程管理结合的技术型相关产业相结合，对这些产业的引导、完善也是对垃圾分类体系的重要补充支撑。

在垃圾分类的目标导向从无害化升级到资源化乃至更高层级后，垃圾分类体系设计应当从战略高度把环境产业融入城市的产业结构调整中，探索市场化、开放化的第三方治理新机制，大量植入生态产业、环保产业和创新型产业以支撑垃圾分类产业链形成价值闭环，打造"绿水青山就是金山银山"的产业高地、理论高地和实践高地。

5.3　垃圾分类的技术支撑

科学技术的创新是城市可持续发展的重要动力。在科技创新的支撑下，传统工业化效率得以提升，工业文明高速发展到了今天。在生态文明时代，科技作为重要工具，对垃圾分类系统的全流程管控和各环节产业协同都是必要支撑。

5.3.1 智慧化工具可提升全流程管理效率

在互联网革命浪潮快速发展的今天，智慧化工具可成为提升不同参与主体全流程管理效率的重要技术驱动支撑。对于各级政府，为提高全流程管理水平，可配套设置内部全流程智慧化管控技术平台，对各环节参与主体的实施效果进行监督评估。对于参与垃圾分类的家庭及个人，可提供面向参与者的线上全流程溯源管理及科普平台，通过 App、微信小程序、支付宝功能区接入等方式，便于居民了解和进一步参与全流程垃圾分类管理工作。

5.3.2 产业科技创新加速垃圾分类高效实现

传统的垃圾分类以政府要求和社会参与为主，产业的介入多集中在末端处理的单一环节，并且在以无害化、资源化等垃圾处理角度为主要目标的阶段，垃圾分类对产业技术创新的要求并不高。随着垃圾分类不断推进，其初心演变至对社会治理结构和人民生活习惯影响的层面，从前端的源头分类、到分类收集运输中转、再到末端各类垃圾的分类处理，各环节的市场化机会逐渐浮出水面，前端智能分类箱、分类垃圾识别及称重系统、二维码等电子溯源系统、智能分选系统、垃圾预分拣人工智能等产业科技创新将大大提高垃圾分类效率。此外，随着人们绿色消费习惯的养成，对绿色包装、绿色产品的要求越来越高，将间接推动工业绿色创新的进程。

5.4　垃圾分类的金融支撑

　　科学的金融支撑体系，应当本着"污染者付费"的基本原则，将垃圾分类的责任与付费行为挂钩，同时考虑主体性质确定承担成本比例，适度开展差别化生活垃圾收费，以"收费"促"分类"，助力生活垃圾"时尚化"的社会新风尚。对开展垃圾分类所需经费，采用"政、企、民"三级成本结构，与责权结构挂钩，结合各主体的责任占比，采用效果导向动态调整各主体所承担成本占比。

5.4.1　政府财政兜底是金融驱动的根本

　　生活垃圾的全流程管理作为公共服务的内容之一，政府作为公共管理职责的承担者，长期以来以政府财政支出的形式承担起成本。随着垃圾分类的推行，在"经济账"上，无疑带来了成本的增加。从短期来看，垃圾分类在经济学视角似乎并不"划算"，但将视线拉长，随着无害化水平提高、资源化效益凸显，将通过生态价值增量的转换，实现"大循环"下的成本—效益平衡，而时尚化风向渐起、社会治理结构逐步优化后更将对公共服务的"成本属性"加以改写，进一步扩大垃圾分类的经济学正面效益。政府作为公共服务的长期承担者，对建立垃圾分类的金融体系具有不可避免的责任，在短期"经济账"难以实现市场驱动时，财政兜底将是体系运转的原始金融驱动。

5.4.2　企业差别化付费机制将为分类体系补充"经济动力"

非居民单位营业产生的生活垃圾是城市生活垃圾的一个重要部分，其中餐饮垃圾、危险废物等垃圾的分类投放和收集尤为重要。为构建公平合理、有激励性的垃圾分类处理成本分摊结构，可对企业建立差别化、阶梯式收费机制，对不同类别垃圾采用不同费率收费以鼓励企业参与垃圾分类；同时对企业建立垃圾量的台账机制，核定其垃圾量后对超量产生的垃圾采用加价的阶梯式费率收费以鼓励企业源头减量。

5.4.3　推行全民付费助力垃圾分类时尚化

广大居民家庭是参与垃圾分类的重要社会主体，全面推行垃圾收费，有助于提高居民对垃圾分类的知晓率和参与度，督促老百姓主动算"经济账"、算"家庭账"，有利于垃圾源头减量。通过合理的差别化收费机制设计，既可合理分担全流程分类的经济压力，又可推动城市文明的进一步发展，用经济手段彰显时尚。

5.5　本章小结

在垃圾分类方法论应用实践落地时，以生态环境、农业农村、工业及公安等部门为代表的其他相关政策支撑是优化垃圾分类实践落地法制环境的重要辅助力量；以资源化产业、循环经济产业、环保+农业、环保+旅游等各类相关产业为参与主体的支持与配合将加速垃圾分类产业化进程和商业模式的打通；以智慧化管控工具、产业创新科技等多种技术创新为代表的技术手段将为垃圾分类落地过程中遇到的效率问题、监管问题等提供高效便捷的替代解决方案；而"政""企""民"三元合力的金融政策支撑则为垃圾分类的可持续推进提供了重要保障。

第 6 章

垃圾分类案例分析

作为一个世界性问题，任何国家和地区在步入工业文明时代之后，面对城市化与工业化叠加影响下生活垃圾围城、资源利用效率低、浪费严重等问题时，都必须要正视垃圾的分类处理问题。各国经济发展节奏不一，对垃圾分类的要求和推广程度也各有不同。整体来看，当前部分发达国家在垃圾分类处理方面技术已经相对成熟，其系统运行的成功经验也值得我们学习和借鉴。本章将以公认的垃圾分类典型案例——日本为模板，使用生态文明视角下的垃圾分类理论工具箱，对日本当前垃圾分类模式的系统性和匹配性进行评估分析，以验证其作为实用工具为更多不同类型城市设计垃圾分类系统解决方案的实操性和可行性。

以日本为分析对象，首先，对其"本底值"（包括先天属性、后天属性）进行量化分析，掌握分析对象的基本背景情况，并对其在无害化、资源化、治理结构优化和时尚化等不同维度初心的实现程度进行分析；随之按照垃圾分类"五元驱动"方法论对日本推行垃圾分类在法律制度、宣传培训、产业体系、社区治理和精细化管理五个方面的布局和推动机制，以及在政策、产业、技术、金融等不同角度加以辅助的落地支撑体系建设情况进行逐一分析；最后结合城市"本底"特性，对系统解决方案的匹配性做出评价。

6.1　"本底值"分析

不同国家、地区的垃圾分类模式差异，在更深层次上反映了当地不同的区位优势、资源特点和发展阶段，也就是前文所指的城市"本底值"。评估一套系统解决方案的优劣，本质上是对其方案的系统性表现进行衡量，并结合其城市基本特征判断方案与目标城市的匹配程度。因此，在利用垃圾分类理论工具箱系统性分析典型案例的成功经验时，首先应关注该案例地区的本底类型。

6.1.1　先天属性

日本是一个多山岛国，总面积为 37.8 万平方公里，总人口约为 1.26 亿，人口密度为 347.8 人每平方千米（2017 年），人均 GDP 为 39 287 美元（2018 年，国际汇率），温带海洋性季风气候，终年温和湿润，是世界上降雨量较多的国家。由于自然资源贫乏，除煤炭、天然气、硫黄等极少量矿产资源外，其他工业生产所需的主要原料、燃料等都要从海外进口，因此日本是对资源敏感性极强的国家，垃圾分类的资源化效益意义重大。在产业结构上，日本极端依赖进口，发达的制造业是国民经济的支柱；科研、航天、制造业、教育水平均居世界前列；以动漫、游戏产业为首的文化产业和发达的旅游业也是其重要象征。日本在环境保护、资源利用等许多方面堪称世界典范，其国民普遍获得良好的教育，生活水平和国民素质位于世界前列。

6.1.2　后天属性

　　日本生活垃圾的无害化处理手段以焚烧为主。日本环境省数据显示，2018 年日本垃圾焚烧在垃圾总处理中的比例约 80%，是最重要的垃圾处理方式，全国有垃圾焚烧设施 1 103 个，总焚烧产能为 18.05 万吨/日，平均单个项目为 163 吨/日，焚烧产能为 100～300 吨/日的项目数量占比最多。

　　日本分类垃圾的资源化利用水平较高。例如，日本明确要求建筑师在设计时要考虑建筑物在 50 年或者 100 年后拆除的回收效率，在建造时采用可回收的建筑材料和方法，并尽量做到建造零排放。日本的建造排放量从 1995 年的 9 620 万吨下降到 2008 年的 6 380 万吨，回收率从 1995 年的 42% 增加到 2011 年的 97%。另外，在电子废弃物资源化方面，2017 年日本全国各地回收废弃的四类大型家电约 1 189 万台，其中包括家用空调约 283 万台，CRT 电视约 104 万台，平板电视约 149 万台，电冰箱/冰柜约 298 万台，洗衣机/烘干机约 354 万台。家用空调、CRT 电视、平板电视、电冰箱/冰柜、洗衣机/烘干机的再商品化率分别达到 92%、73%、88%、80%、90%。

6.2　垃圾分类初心的四维体现

6.2.1　无害化程度

日本受制于国土面积有限，其生活垃圾的无害化处理以减容效果最明显的焚烧技术为主。当前，焚烧处理的垃圾量占日本垃圾处理量的八成以上，且由于分类质量较高，焚烧热值较高，无害化较为彻底、稳定。

6.2.2　资源化程度

自日本实行垃圾分类政策之后，20 世纪 90 年代开始垃圾资源化处理比例快速上升。截至 2017 年，垃圾处理中资源化处理比例维持在18.7%。资源化对循环经济产业的发展做出了很大的贡献，助力日本成功从末端治理型社会转型为循环经济指引下的资源型社会。

6.2.3　治理结构优化程度

日本政府在环境领域的治理结构分为中央、地方两级。中央环境治理组织结构分为内部部局、外局附属机关、关联机关、独立行政法人和特别机关五类；地方政府可以早于中央政府设置地方环境管理机构，还可以设立环境审议会和环境科学研究中心等。另外，根据当地情况地方政府还可在其所在地设立环保派出机构。中央政府对全国的环境管理政策进行宏观指导，地方政府更多地承担了环境管理具体事务。

日本垃圾分类的成功，是在政府权责鲜明的管理体制基础上，充分利用公民的社会力量，从而大大优化社会治理结构的结果。公民参与是日本垃圾分类协同治理机制的核心。历史上的经验、教训使日本公民认识到自己抛弃的垃圾，总有一天会反噬自己和社群，因而公民个人在追求环境权利的同时，也该积极承担环境责任。目前，公众已经成为日本"三元"（政府、企业、公众）环境管理结构中的一员，作为最广泛、最有力的一股社会力量发挥着巨大的作用。生活垃圾分类处理与每一个公民的日常生活是息息相关的，日本在长期实践中逐步形成了以公民参与为核心的垃圾分类协同治理机制。

6.2.4　时尚化程度

在日本，垃圾分类的概念已经深入国民的生活细节中，社会氛围浓厚。小学、幼儿园教育已将垃圾分类的基本知识纳入，从孩子影响家庭，垃圾分类已经成为日本的文化标签之一。自觉、主动、规范地进行垃圾分类，是日本国民良好素质的衡量指标之一，这一行为的时尚化程度相对世界其他国家明显较高。当前，日本国民进行垃圾分类的行为仍离不开社会的督促、法律体系的监管及金融政策的刺激，未来随着文化标签的加深，对全民宣传教育培训力度的加大，日本生活垃圾分类行为作为时尚的象征地位将进一步增强。从"要求参与垃圾分类"到"主动参加垃圾分类"再到"以垃圾分类为时尚追求"，日本在垃圾分类的时尚化进程中已经领先于大多数国家和地区，但距离垃圾分类成为全民"新时尚"仍有一段路要走。

6.2.5　小结

从垃圾分类在日本的实施效益来看，无害化、资源化要求已经相对成熟、先进，达到了垃圾分类初心前两层的效果要求；而社会治理结构方面，社区、家庭、企业等多主体通过垃圾分类找到各自清晰的权责义务，并将看似复杂的垃圾分类工作分工落地执行，在全社会参与层面取得了基本成功（图 6.2.1）。当前，垃圾分类在日本已成为国民素质的重要体现，但尚未作为时尚的指标被广泛追求，因此其时尚化进程仍有待进一步发展演变。

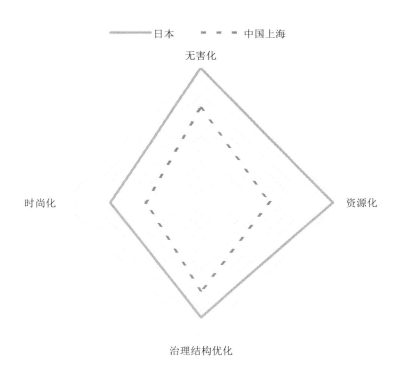

图 6.2.1　垃圾分类初心的四维体现程度模型分析

6.3　主体结构解析

6.3.1　法律制度驱动水平

日本垃圾分类所取得的先进成果离不开行之有效的法律制度驱动，责任明晰的垃圾分类管理法律是日本垃圾分类管理成功的基础。在与垃圾分类相关的法律制度建设方面，日本起步较早，体系较为完善，法律制度"大而全"，法规设定"精而细"，为形成"有法可依"的法律制度驱动，营造良好有序的社会氛围奠定了基础。

（1）中央、地方联动，夯实垃圾分类法律地基

日本政府针对各个时期的社会现状以及垃圾问题的特点，与时俱进地制定法律法规，并不断修订和完善。日本垃圾处理法律体系的变迁分为三个阶段，分别对应日本垃圾管理体制的三个时期，这种演变体现了垃圾分类初心的不断进阶（表 6.3.1）。

表6.3.1 日本垃圾分类法律体系驱动的发展与垃圾分类初心进阶演变史

初心	无害化			资源化	治理结构优化、时尚化
法律法规	污物扫除法	清扫法	废弃物处理法	促进容器与包装分类回收法、家用电器回收法、建筑及材料回收法、食品回收法、汽车再循环法	循环型社会形成推进基本法、资源有效利用促进法、食品再生利用法、家电再生利用法、绿色采购法
时间	1900年	1954年	1970年	1980年代末	2000年以后
主要内容	日本最早有关废弃物处理的法律	针对垃圾处理厂污染导致的卫生问题	针对经济高速增长期，废弃物剧增和多样化问题	针对垃圾处理厂严重短缺和资源枯竭问题	确立了循环社会基本原则，形成了健全的垃圾分类处理的法律体系
责任体系	市町村开始承担垃圾处理的责任	由市町村统一负责处理废弃物	对产业废弃物进行界定，明确了企业责任	强化了不同类型商品生产者、销售者和消费者的责任和义务	对国家、地方、企业和个人应履行的责任分别做出规定

除中央政府各阶段制定的法律，日本地方政府会根据自身情况制定相应的垃圾分类与回收方法。在中央到地方的法律法规的指导下，国家、各地方政府、企业、非政府组织和公民等各个相关主体，根据明确的各自责任和义务划分，切实履行各自的职责并相互协作，形成了"官、产、学"良好的合作伙伴关系，共同推动垃圾分类政策目标的实现。另外，日本的垃圾处理法律十分注重细节，具有很强的可操作性，使法律能够有效地落实到位。例如，北九州市法律明确规定瓶罐之类的垃圾每周回收一次，使用政府规定的垃圾袋（每个约合人民币0.7元）。如此清晰明了、事无巨细的规定和安排，使法律和配套办法能够得到切实的执行而非流于形式，也利于民众理解和参与。

（2）奖惩机制分明，监督体系完善

日本相关法律中对违反垃圾分类规定的惩罚措施十分严格。同时，以建立评价惩罚机制为核心，对《废弃物处理法》进行了多次修订，修订后的法律增加了国家责任并强化了对废弃物不当处理的处罚等措施。具体表现在彻底追究排放者的责任，强化管理票制度，扩大都道府县的调查权限和指示权限，创立非法投弃未遂罪和非法投弃目的罪，取消恶劣企业的资质和经营许可证，法律还要求公民如发现胡乱丢弃废弃物者请立即举报。

在监管方面，日本各地各社区遍布着由志愿者组成的督察队，他们的职责是检查垃圾袋中的垃圾分类是否合法，并提醒那些没按规定进行垃圾分类的民众采用正确的方法处理垃圾。如果有民众没有按规定对垃圾进行分类，会受到周围舆论的压力。

6.3.2 宣传培训驱动水平

多样化的垃圾分类宣传教育是促进公民参与垃圾分类管理的基础性工作。日本模式在宣传培训教育板块的驱动力主要体现在两个方面：

第一，宣传内容的多样化。日本垃圾分类宣传既包括对正面的垃圾分类处理的宣传，也包括对不文明垃圾分类行为的教育，目的是让公民掌握正确的分类方法。日本对正确的垃圾分类方法有着极为详细的宣传，例如，日本商品外包装上会印有分类标记及材料成分，牛奶盒上甚至会提示包装盒处理的正确步骤：要洗净、拆开、晾干、折叠以后再扔等，确保市民可以依照宣传要求进行预处理、分类。

第二,宣传方式的多样化。日本政府的宣传工作主要分为大众宣传、社会活动、专题宣传和环境教育四类。宣传的覆盖面、宣传内容的深度分级分层渗透,确保垃圾分类的知识和概念融入社会的每一个细胞体。值得一提的是,日本早已把环境保护和生活垃圾处理等内容纳入教育的基本课程内容,小学生自入学时的第一天就要开始接受生活垃圾分类教育,且这种教育与日常生活的耳濡目染将伴随其一生,逐步形成良好的家庭氛围和社会氛围。

6.3.3　产业体系驱动水平

日本的垃圾分类产业体系目前已经相对成熟、完整。由居民进行分类后的垃圾由各区收集、转运,可燃垃圾在清扫工厂焚烧,不可燃垃圾除了极少一部分不适合破碎的物品外,大部分与大件垃圾分别在不可燃垃圾处理中心与大件垃圾破碎处理厂进行破碎压缩的减量化处理,并将其中有利用价值的物质回收后再进行焚烧与填埋处理。

由于日本土地资源的匮乏,焚烧处理一直受到日本政府的推崇。在无害化处理阶段,日本就较早布局了焚烧产业,并随着技术的发展不断升级环保要求和焚烧技术,产业成熟度已经达到较高水平。以日本东京市为例,由于有了这种焚烧质量保证,东京23个特别区中的21个区内都有垃圾焚烧厂,而且就置于闹市区之中,很多垃圾焚烧厂周围不乏高端住宅区和商业区。除了高质量焚烧垃圾之外,日本中心城区的垃圾焚烧厂还能够成为所在区域的热能和电能供应的能源中心,同时由于就在市民工作生活区域附近,既减少了垃圾转运成本(很多社区产生的生活垃圾被直接拉到就近焚烧厂,无须中转转运),也能对民众强化垃圾分类意识起到一定的警示与教育意义。

6.3.4　社区治理驱动水平

生活垃圾管理是一个多元主体合作的过程，涉及地方政府、居民、社区、相关企业等不同类型的多个主体。社区作为社会生命体的重要组成，承担了面向政府、居民两端承上启下落地执行相关政策，并配合宣传培训体系、相关产业结构要求等多元驱动协调运转的职能。在日本，社区承担的责任是做好相关的培训和监督工作。具体来说，对于新入住某一社区的居民而言，社区工作人员或者志愿者会对其进行生活垃圾分类的培训，告知其本社区的生活垃圾分类和投放的要求。社区工作人员还会监督居民的生活垃圾分类行为，如果发现有人不按规定分类投放垃圾、没有使用规定的垃圾桶或者垃圾袋、分类不够彻底等，就会找上家门，责令其将垃圾收回。例如，在日本横滨市，如果居民不按规定投放垃圾的话，社区工作人员有权对其进行"规劝"，要求其严格遵守垃圾分类的规定。此外，日本的很多地区还实行垃圾投放的"实名制"，这既可以追究乱丢弃垃圾的居民的责任，也可以在其不听劝告、不改正的情况下给予处罚。

6.3.5　精细化管理驱动水平

"精、准、细、严"是垃圾分类精细化管理的基本特征。"精"是指以追求最好的垃圾分类体系为目标，不断完善制度，精益求精。"准"是指数据信息准确、时机把握准确。"准"贯穿于决策过程的始终，包括收集到的数据的准确性，命令下达到执行反馈全部过程的准确无误等。"细"是指管理过程中注重每一个细节，这不是说拘泥于细枝末节，而是抓住关键问题的关键细节。"严"是指全流程管理严格，包括执行标准严格和控制标准严格两个方面。

在精细化管理层面，日本以垃圾分类准确度之"精"、类别之"细"著称，其分类管理体系细致程度与其他国家相比具有明显优势。该模式特点在于，生活垃圾分类的全流程中各个环节都是精细化的，全流程的核心思路不是产生大量垃圾后焚毁它，而是尽一切可能变废为宝，尽量从源头少产生垃圾，使最终需要处理的垃圾能够得到高水平处理。日本的垃圾分类在源头管理时就非常精细。以东京为例，其 23 个特别区每个区的政府官网上都附有垃圾分类表，按照一定顺序对垃圾进行逐一分类，总共可分为 15 大类，对每一类垃圾都有详细的处理要求。此外，回收运输也有精细化要求。日本的生活垃圾回收有严格的时间规定，住宅区管理人员给市民发放的日历中都有明确的标记。比如，东京新宿区在周二和周五是可燃垃圾的投放回收日，周四和周六分别为可回收物和金属陶器玻璃类垃圾的投放日，而且必须在当天 8 点前投放，其他日期和时间不可投放。另外，不同种类的生活垃圾使用不同的专用垃圾车进行运输。在每天规定时间里，各种垃圾清理车会沿居民区收集垃圾，用高压水枪将车身冲洗干净，再将垃圾运往垃圾处理厂。

值得一提的是，正是因为在前端投放、中端收运实施这种高度精细的生活垃圾分类模式，日本的末端垃圾处置质量非常高。一方面，大部分生活垃圾变废为宝，通过循环利用又变成宝贵的资源，资源化水平明显提高；另一方面，由于分类质量高，最终进入末端处理环节的垃圾纯度也非常高（杂质特别少）。因此，日本的垃圾焚烧质量相当高，焚烧后产生的有害物质非常少，环境质量能够得到保证，无害化的稳定性高于一般混合垃圾焚烧厂。

6.3.6　小结

从"五元驱动"的垃圾分类模式解析来看，日本在法律制度、宣传培训及精细化管理等方面具有明显突出优势。而由于土地资源有限，其无害化、资源化的路径选择以焚烧为主，焚烧产业成熟但其他技术路径发展受限；在社区治理方面，日本的全民参与度较高，社区承担的角色以监督为主。

与中国当前垃圾分类进展最快的上海市相比，日本模式在方法论的核心五大驱动中体现出一定优势（图 6.3.1）。但值得注意的是，由于中国城市管理体系中社区的独特地位，上海市深入小区的社区治理能力优势凸显。

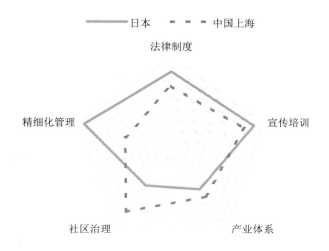

图 6.3.1　垃圾分类主体结构的"五元驱动"水平模型分析

6.4　支撑结构分析

6.4.1　政策支撑水平

日本的垃圾分类模式以"精细"著称，多达数十类的可回收物得以进一步利用，离不开相关再生资源利用、循环经济产业发展的政策推动和支撑。

日本促进循环经济发展的法律法规具有独特的多层次性，根据其各自面向对象的不同，可以分为三个层面。第一个层面为基本法，以 2000 年 12 月制定实施的《促进建立循环社会基本法》为代表；第二个层面为综合性法律，包括《促进资源有效利用法》和《固体废弃物管理和公共清洁法》；第三个层面为具体行业和产品的专项法律法规，包括《容器与包装分类回收法》《家电回收法》《建筑材料回收法》《食品回收法》及《绿色采购法》等。这些专项法律法规对不同行业的废弃物处理和资源循环利用等作了具体规定，目的就是要减少该领域的垃圾的产生，促进其进一步回收利用，从而倒逼前端垃圾源头分类投放、分类收集及分类资源化利用等。

6.4.2　产业支撑水平

垃圾分类全流程中的利益相关方众多，除了分类投放、收集、运输、处理各环节的相关固体废物产业，也存在较多本身与垃圾分类无直接关联的相关产业。在适当的激励和协调机制下往往可以借力其他产业的支撑，提高垃圾分类的参与度、积极性和资源化效率，从而降低生态成本。

日本的静脉产业相当发达，主要包括：容器包装的再利用产业、废旧家电再生利用产业、建筑材料再生利用产业、食品再生利用产业、汽车再生利用产业，以及与上述废弃物再利用相关联的回收、运输和再生技术等产业等。日本静脉产业的发展，政府起到了主导作用，各项法律法规以及经济政策的制定成为日本静脉产业发展的强制性原动力，在政策引领下，各类静脉产业逐渐发展、成熟，提高了资源化水平。

6.4.3　技术支撑水平

日本的垃圾分类体系建立较早，以居民、社区主动积极参与，政府制定政策法规引导为主，对智慧化管理平台等互联网+领域的相关技术手段应用较少。

6.4.4　金融支撑水平

（1）政府出台金融措施对相关产业进行奖励性倾斜

日本政府通过财政预算、税收优惠政策、政府奖励政策和各类基金等经济措施扶持垃圾分类事业和环保科技发展。一方面，对发展循环经济有成绩的企业，日本政府给予税收方面的优惠政策。例如，对废旧塑料制品类再生处理设备在使用年度内，除普遍退税外，还按取得价格的14%进行特别退税；对废纸脱墨、玻璃碎片杂物去除、空瓶洗净、铝再生制造等设备实行 3 年的退还固定资产税；对于将循环经济"3R"技术实用化、技术开发期在两年以内的新产业，政府补助率最高可达开发费用的 2/3。与此同时，日本设立生态工业园区补偿金制度，以促进生态环境产业的孵化及规模化发展。日本上野原市为鼓励市民减少垃圾和分类处理，对家庭购置电动垃圾桶设立了补助金制度；为鼓励企业节约资源、减少垃圾和对垃圾进行分类回收，建立了回收奖励金制度。在一些比较大的新建社区，还制定了垃圾回收奖励制度，回收人员每月统计一次，对将垃圾分类、按时准确投放的居民户，给予 250 日元至 300 日元的奖励。

（2）广泛全面开展生活垃圾收费

　　日本很多城市的生活垃圾处理收费也是以补充财政收入为目的，一部分征收来的垃圾费用将用于垃圾处理经费，这将缓解政府财政压力，减少政府财政负担。同时，垃圾收费制度并不是单纯的收费，而是作为一种政策手段，不断谋求更多新的垃圾费使用途径，推动建立资源循环型社会。日本针对各类生活垃圾出台了不同的经济政策，包括：废旧物资商品化收费制度，规定了废弃者应当支付与旧家电、旧容器包装、旧汽车的收集、再商品化等有关的费用；征收垃圾（一般废弃物）处理手续费；建立保证金制度，在日本的岛屿、公园、观光地等集中的某个区域内，对于铝罐、钢罐、塑料瓶、纸包、纸杯、食品盘等实行保证金制度，可以减少散乱垃圾量，提高游客的环境意识，提高资源化水平。

根据日本东洋大学经济学系山谷修作教授的调查统计显示，截至2017年2月，日本全国1 741个自治体中，实施垃圾收费的共有1 100个，收费实施率为63.2%。而垃圾收费对日本人均生活垃圾的减量化产生了明显的效果，市民的环保意识明显提高，对节约型、环保型的社会氛围养成起到了积极、正面作用，是垃圾分类"时尚化"推进中的重要助推器。

6.4.5　小结

在支撑结构方面，日本模式的产业支撑、金融支撑发挥了一定作用，而技术创新工具应用较少，或将对其产业化效率带来一定影响。

与国内的典型代表上海市相比，上海政府提供的金融支撑力度更大，互联网、人工智能等技术管理工具的应用层出不穷，两个模式的支撑体系呈现出较大的差别。日本体系运转时间久，支撑结构相对稳定，但创新性存在不足，对时尚化的推动助力有限；而上海推广时间短，政府采用大量财政补贴等形式为"五元驱动"的主体结构提供支撑，新型分类模式层出不穷，但其可持续性和稳定性需要进一步考量。

日本与上海垃圾分类支撑结构的模型分析如图6.4.1所示。

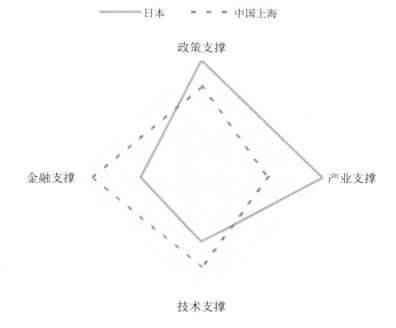

图 6.4.1 垃圾分类支撑结构的模型分析

6.5 本章小结

整体来看，日本垃圾分类模式的"五元驱动"结构较为完整，多级联动的执行模式下沉至居民，取得了较高的知晓度和认可度，多年推行的效果证明，体系基本完善，系统性较强。

日本模式是推动社会文明发展的典型代表，通过将分类的主要责任从政府转移至人民，日本的垃圾分类的社会学意义显著，是垃圾分类在社会层面发挥正面积极效应的典型代表。日本模式的成功，与日本地少人稠、民族素质整体较高、资源匮乏等客观"本底"因素相关，是其系统解决方案的设计与地区"本底值"高度匹配的结果。